NUCLEAR ENERGY PROSPECTS

TO

2000

A joint report by the
Secretariats of the OECD - Nuclear Energy Agency
and the International Energy Agency

INTERNATIONAL ENERGY AGENCY / NUCLEAR ENERGY AGENCY

ORGANISATION FOR ECONOMIC CO-OPERATION AND DEVELOPMENT

The International Energy Agency (IEA) is an autonomous body which was established in November 1974 within the framework of the Organisation for Economic Co-operation and Development (OECD) to implement an International Energy Program.

It carries out a comprehensive programme of energy co-operation among twenty-one* of the OECD's twenty-four Member countries. The basic aims of IEA are:

i) co-operation among IEA Participating Countries to reduce excessive dependence on oil through energy conservation, development of alternative energy sources and energy research and development;

ii) an information system on the international oil market as well as consultation with oil companies;

iii) co-operation with oil producing and other oil consuming countries with a view to developing a stable international energy trade as well as the rational management and use of world energy resources in the interest of all countries;

iv) a plan to prepare Participating Countries against the risk of a major disruption of oil supplies and to share available oil in the event of an emergency.

* *IEA Member countries: Australia, Austria, Belgium, Canada, Denmark, Germany, Greece, Ireland, Italy, Japan, Luxembourg, Netherlands, New Zealand, Norway, Portugal, Spain, Sweden, Switzerland, Turkey, United Kingdom, United States.*

The OECD Nuclear Energy Agency (NEA) was established on 20th April 1972, replacing OECD's European Nuclear Energy Agency (ENEA) on the adhesion of Japan as a full Member.

NEA now groups all the European Member countries of OECD and Australia, Canada, Japan, and the United States. The Commission of the European Communities takes part in the work of the Agency.

The primary objectives of NEA are to promote co-operation between its Member governments on the safety and regulatory aspects of nuclear development, and on assessing the future role of nuclear energy as a contributor to economic progress.

This is achieved by:

— *encouraging harmonisation of governments' regulatory policies and practices in the nuclear field, with particular reference to the safety of nuclear installations, protection of man against ionising radiation and preservation of the environment, radioactive waste management, and nuclear third party liability and insurance;*

— *keeping under review the technical and economic characteristics of nuclear power growth and of the nuclear fuel cycle, and assessing demand and supply for the different phases of the nuclear fuel cycle and the potential future contribution of nuclear power to overall energy demand;*

— *developing exchanges of scientific and technical information on nuclear energy, particularly through participation in common services;*

— *setting up international research and development programmes and undertakings jointly organised and operated by OECD countries.*

In these and related tasks, NEA works in close collaboration with the International Atomic Energy Agency in Vienna, with which it has concluded a Co-operation Agreement, as well as with other international organisations in the nuclear field.

CONTENT

SUMMARY AND CONCLUSIONS

Installed nuclear capacity in OECD countries has risen from around 17 GWe in 1970 to over 130 GWe at the end of 1981. While this is a considerable achievement, and reflects an increase in the nuclear share of electricity generation from a little over 1% to about 12%, it is less than half the installed capacity expected by energy planners around ten years ago. Only part of the reduction can be explained by lower energy growth. Furthermore, despite the consequences of the 1973-74 OPEC oil embargo and two subsequent Persian Gulf oil supply disruptions that have stimulated public and government interest to reduce oil consumption by conservation and greater development and utilization of alternative energy resources, the prospects for nuclear development over the next twenty years are extremely uncertain and, without further policy action, may continue to slip significantly, thereby increasing pressure on other fuel sources and particularly on oil imports.

OECD countries now project a total nuclear capacity of about 216 GWe in 1985 and 316 GWe in 1990. For the year 2000, the estimates presented in this report lie between 390 and 500 GWe. This wide range reflects the substantial uncertainty about possible nuclear capacity by the turn of the century. Given the lead times involved, the range of nuclear capacity likely to be installed by 1990 is already largely determined, although this is subject to construction and licensing delays or changes in national policies. Unless the rate of installation and licensing of nuclear reactors is improved in the near term, national estimates of installed nuclear capacity by 1990 are unlikely to be achieved and the outcome for the year 2000 will most probably be towards the lower end of the range. This will have a serious impact on the overall energy situation of OECD-countries, particularly in the 1990's.

The predominant factor of future nuclear power development is electricity demand. Electricity demand has slowed considerably since 1973, partly as a consequence of higher energy prices and partly as a result of two recessions, reducing the need for new capacity of any sort. It is expected, however, that electricity demand will continue to grow faster than total energy demand and even slightly more rapidly than Gross Domestic Product (GDP). While OECD-countries are now projecting average annual increases in electricity demand of about 3.6% in the period 1980-1990 (about half that experienced from 1960-73), in the first part of the 1980s the three energy scenarios presented in this report foresee only a 2% to 3% rate of increase, reflecting a continuation of depressed economic activity. However, in the period 1990-2000, all scenarios project an annual electricity growth between 3% and 4%. Electricity is expected to substitute for oil in the industrial and residential/commercial sectors, and thus increase its share in Total Final Energy Consumption, from 14% in 1980 to 18% by 1990.

Future electricity demand (which will be influenced by renewed economic growth and electrification but also by increased efficiency of energy use) together with accelerated replacement of existing oil-fired generating plants will have to be met by greater nuclear and coal capacity. The share of electricity produced by oil could decline from around 15% to a little over 2%, by 2000, while that of nuclear could rise from around 12% to almost 30%. Such development which assumes only the technical minimum of oil generation by the year 2000, would reduce future pressures on oil supply and oil prices. Failure to increase the contribution of nuclear power, particularly during the 1990s would put greater pressure on other parts of the energy system of OECD-countries and increase the risks of reduced oil market flexibility. The scenarios presented in this report already assume high rates of energy productivity growth (1.4% per year, 1980-2000) and a very ambitious coal-fired generation programme (almost a doubling by 2000 from the present level of 410 GW). The risk exists, therefore that a nuclear shortfall would be at least partly compensated by a higher oil use either in the form of electricity or direct use, or by lower energy supply and economic growth. Either alternative would have negative implications for the economies of OECD-countries. OECD-countries' efforts to reduce oil dependence, through changing their generation fuel mix and increasing the use of electricity to provide a better balanced energy system would be jeopardised.

The uranium resource base, levels of enrichment and fuel fabrication capacity, as well as the capacity of the reactor manufacturing and construction industry, are more than adequate to meet requirements well into the future. In fact, there are no technical reasons why nuclear power could not grow much more rapidly than presently forecast if renewed economic growth, continued electrification and penetration of nuclear into non-electric use (e.g. process heat) set the necessary parameters. However, the prolonged stagnation of most national nuclear programmes could endanger the viability of the nuclear industry and so limit its ability to meet future requirements. Given the long lead times from start of exploration to first production of uranium from successful discovery (now in the order of 15 years), fluctuating demand projections can result in instability within the uranium supply industry which could eventually lead to supply difficulties.

There are economic reasons in most OECD-countries why nuclear would be the preferred course to follow when new electrical base load capacity is installed. Nuclear power is invariably much less costly than oil and in many situations is considerably cheaper than coal as a means of producing electricity. Although analysis of safety and environmental effects are uncertain they generally favour nuclear power plants and their associated fuel cycle activities over plants using fossil fuels.

In spite of the technical and economic arguments, perceived lack of public acceptance often appears as the major constraint on the near-term development of nuclear power. There have, however, been wide variations among countries both in the form of public opposition that has taken place and in the degree to which it has affected nuclear projects. The public's confidence is particularly influenced by the issues of reactor safety and of spent fuel and high level radioactive waste management. In particular, nuclear power often elicits public fears of accidents involving substantial radiation release. The fact that experts assess the probability of such accidents to be extremely low given the high standard of safety designed into reactors, and that the effect on the environment of most accidents is likely to be small is often insufficient to allay these fears. In order to ease these concerns, continuing efforts need to be made to ensure the safe operation of existing and planned reactors, and to reduce the risk of further incidents. Similarly, even though there is no urgency from the technical or economic point of view, the availability and adequacy of technologies for the disposal of high level wastes should be demonstrated promptly by Member governments, and solutions should be fully supported by appropriate international co-operation, in order to reduce public and political concerns about radioactive waste management.

The confidence of electricity utility planners in nuclear power has been eroded in some OECD-countries, as is evidenced by increasing cancellations of nuclear power plants and the increasing development of a wait-and-see attitude. In addition to uncertainties about future levels of electricity demand, important factors include high interest rates, higher risks of financial liability than those associated with other generating options, and the increasing complexity of regulatory processes for the construction and operation of nuclear power stations which add to total costs. Total lead times (including pre-construction) for nuclear power stations before full power operation now average 7 to 9 years, compared to only 5 years in the early 1970s. In the United States lead times now average 11 years, reaching in some cases more than 15 years. Here the problem is compounded by the State regulation of electricity tariffs, which is causing utility revenue increases to lag behind cost increases. In those countries, where licensing and regulatory processes are effectively open-ended, steps should be taken to limit the time and reduce the uncertainty of such processes. At the same time safety standards must be maintained and public confidence reassured. Such rationalisation of the licensing and regulatory pro-cesses has already been carried out in some countries with economic benefits and no lessening of high safety standards. The removal of regulatory uncertainties is essential to the future implementation of nuclear power through restoring utility confidence.

I   INTRODUCTION

This report describes the potential and trends of electricity use in OECD-countries as the main parameter of nuclear power development, including oil displacement and future generation mix, gives a most recent assessment of nuclear power growth to the year 2000*, deals with supply and demand considerations covering the whole fuel cycle, assesses the impact of the nuclear contribution on the overall energy situation according to three energy scenarios and the consequences of a possible nuclear shortfall, and finally reviews other factors influencing nuclear energy growth such as security of supply, economics of nuclear power production as well as public and utility confidence in nuclear power.

---

*   The variety of projections contained in this report for the year 2000 reflect the difference in some underlying assumptions.

II ELECTRICITY DEMAND AND OIL DISPLACEMENT

1. Past Electricity Demand

A major, although by no means the only reason for the delayed exploitation of nuclear power is the effect of the initial fall in electricity demand following the 1973-74 energy crisis. This has been followed by a persistent sluggishness in the growth of electricity demand, partly as a consequence of higher energy prices and partly as a result of the enduring world economic recession. Slower electricity demand growth in most OECD countries has reduced the need for new capacity of any sort.

From 1960-1973 total electricity demand grew at a fairly steady annual rate of above 7%. After 1973, the annual growth rate was cut by more than half, to 3.2%. In most countries the slow recovery of the market has led to a downward revision in electricity demand forecasts and this has necessitated substantial changes in the scale and timing of both conventional and nuclear power construction programmes. The base case of *OECD Energy Prospects to 1985,* published in 1973, assumed a rate of electricity demand growth of 7.2% per annum between 1972 and 1985. In 1977, the *World Energy Outlook* (WEO) adopted in its reference scenario a 5.6% annual growth of electricity demand until the mid-1980s. OECD countries now project an average rate of annual electricity demand growth of 3.6% for the period 1980-1985 and 3.5% for 1985-1990. Whether these projections (which are higher than those in the energy scenarios presented in this report) will materialize depends critically on the pace and timing of economic recovery and related electricity demand in industry. For example, a comparison of the 1975-79 period with the 1974-80 period shows, when the two recession years are excluded, an average annual growth rate of 4.5% rather than 3.2%.

Table 1
Past Electricity Demand by End Use Sector
(Annual Growth Rate, %)

	1960-1973	1974-1980	1975-1979
Industry	6.3	2.4	5.0
Residential/Commercial	9.0	4.1	4.3
Transport	3.5	1.7	2.4
TOTAL	7.5	3.2	4.5

Electricity demand has consistently grown at rates higher than total energy requirements. In the 1960-73 period, for example, when OECD annual growth in electricity demand was about 7%, total primary energy (TPE) grew by about 5% annually. In 1973-79 when TPE grew by only 1.5% annually, electricity production grew at more than double this rate (3.2% annually). Even in 1979-80 when TPE declined by about 3%, electricity production only stagnated. As a result, the share of electricity in Total Final Energy Consumption (TFC) increased from about 12% in 1973 to 14% in 1980.

2.   Electricity Demand Growth Projections

Electricity demand for the OECD region as a whole is expected to grow, as in the past, much faster than energy and slightly more rapidly than GDP although there are sometimes significant differences of expected GDP and electricity demand growth rates between countries. Table 2 contains details of the projections for the OECD area to the year 2000 showing that growth prospects for electricity are quite significant.

Table 2
Total Production of Electricity
(Mtoe)*

IEA REFERENCE CASE [1]

	1980	1990	2000	Average Annual Growth(%)			
				1960-73	1973-80	1980-90	1990-2000
N. America	245.2	303	413	6.5	2.7	2.1	3.1
Pacific	59.8	86	112	8.7	3.2	3.7	2.7
Europe	149.8	208	257	6.1	3.1	3.3	2.1
OECD	454.8	597	782	7.0	2.9	2.8	2.8

WEO - HIGH CASE [2]

	1980	1990	2000	1960-73	1973-80	1980-90	1990-2000
N. America	245.2	280	408	6.5	2.7	1.3	3.8
Pacific	59.8	89	126	8.7	3.2	4.1	3.5
Europe	149.8	210	329	6.1	3.0	3.4	4.6
OECD	454.8	579	862	7.0	2.9	2.4	4.1

WEO LOW-CASE [2]

	1980	1990	2000	1960-73	1973-80	1980-90	1990-2000
N. America	245.2	269	361	6.5	2.7	1.9	3.0
Pacific	59.8	84	106	8.7	3.2	3.5	2.4
Europe	149.8	200	287	6.1	3.0	2.9	3.7
OECD	454.8	552	754	7.0	2.9	2.0	3.2

1. The IEA Reference Case is a low oil reference scenario. It was built up in mid-1980 from energy balances of individual OECD countries. The basic assumptions are explained in Chapter V.

2. To evaluate future OECD energy demand, the forthcoming World Energy Outlook established two basic energy demand models, a constant oil price/high growth scenario (WEO-High case) and a rising oil price/lower growth (WEO-Low case). The basic assumptions are explained in Chapter V.

*   Million tons of oil equivalent.

In all scenarios annual electricity growth ranges between 3% and 4% in the 1990-2000 period. In the short-term (1980-90) depressed economic activity is expected to yield somewhat lower increases in electricity use, but growth will still be in the region of 2% to 3% annually. As a result, the share of electricity in Total Final Energy Consumption (TFC) will further increase from the present level of 14.6% to 17% in 1990 according to the Reference Case, and to 19% according to the WEO Case. By the year 2000, the respective shares are expected to reach almost 20% (Reference Case) or even 23% (WEO). However, the projected share of electricity in TFC will differ widely from one country to another, ranging in 1990, for example, from less than 9% in the Netherlands to almost 45% in Norway. This development can partly be explained by the different energy supply bases in the respective countries (e.g. natural gas and hydropower).

For the next decade sectoral electricity demand is expected to develop differently from in the past (see Annex I). The growth in the industry sector is predicted to be between 4% and 5% from 1980 to 1990 while it will only be around 3% in the residential/commercial sector. In both sectors the growth will be encouraged by the

Table 3
Share of Electricity in Total Final Energy Consumption
(%)

	1980	1990			2000		
		Ref. Case	WEO		Ref. Case	WEO	
			High	Low		High	Low
N. America	14.3	17.3	18.0	18.0	21.1	21.9	21.9
Pacific	16.0	17.9	21.9	21.9	17.5	23.3	23.1
Europe	14.0	16.5	19.5	19.5	18.0	24.2	24.2
OECD	14.6	17.0	19.0	19.0	19.4	22.9	22.9

comparative price advantage that electricity has been building up over other fuels. As seen in Figures 1 and 2 electricity prices to final users have been increasing since 1973 at a much slower rate than the prices of other fuels. Although electricity remains more expensive, recent trends will probably continue and further reduce the differential in comparison with other fuels. This is because the fuel inputs to electricity generation will increasingly be coal and nuclear, which are likely to continue to be less expensive than oil and gas, despite the current decrease of oil prices. However, the competitivity of electricity will also depend on future development of interest rates, regulatory procedures and resulting lead times of power plant construction.

As this reducing differential is also supported by relevant tariff policies, future electricity growth and penetration stands a very good chance to remain high. In this context electricity tariffs, which are subject to government control in almost all OECD countries, will play a decisive role. However there are sometimes conflicting interests between the objectives that tariffs should adequately reflect long-term replacement costs, providing utilities with sufficient funds to finance investments necessary to expand capacity or to replace oil fired capacity, and not discourage rational use of electricity. From an overall energy policy point of view, tariff policies should encourage the use of electricity where available or where prospective electricity generating capacity can be used to displace oil, provided that tariffs cover cost and result in sufficient cash flow to utilities to undertake necessary expansion programmes.

Greater use of electricity is not inconsistent with energy efficiency, despite the inevitable thermal losses sustained in generating electricity.

Figure 1

Figure 1

INDUSTRY PRICES OF FUELS IN SELECTED OECD COUNTRIES*

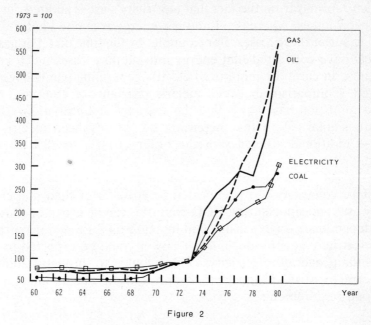

Figure 2

RESIDENTIAL / COMMERCIAL PRICE OF FUELS
IN SELECTED OECD COUNTRIES*

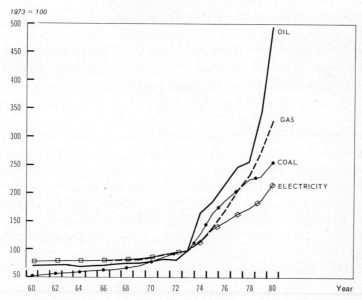

* The indices of fuel prices refer to the weighted average price for the United States, the
Kingdom, Japan, Germany, Canada and Italy.

The basic and widespread misunderstanding of the efficiency of electricity springs from the fact that electricity's use is audited net of all conversion losses, whereas oil and gas energy is audited before it has begun to suffer these losses. For example, by the time diesel or gasoline engines, have converted fuel energy into output, losses much greater than those in carefully monitored electric generating plants have been incurred. Comparison between electric resistance heating and direct fired combustion has shown that the seasonal fuel utilisation efficiencies are similar. With the increasing use of advanced electric heat pumps, additional efficiency in the order of 60% to 70% could be gained.

Since electricity use is expected to grow faster than non-electric energy use, and since most OECD-countries can be expected to reduce their dependence on expensive and insecure oil for a major portion of their electricity generation, nuclear power could be expected to grow faster than overall electricity. This would be brought about by displacement of oil from electricity production and by meeting new base load requirements.

3. Oil Displacement in Electricity Generation

The electricity sector is the most important area for oil substitution in the medium term. At present oil is used to produce 16.0% of the electricity in the OECD and this could fall to below 5%, or even as low as 2.4% by the year 2000 (See Chapter V).

The potential for displacement of oil varies from one country to another. This reflects not only the unfavourable starting position of some countries but also the limited success of oil displacement policy in a number of countries. Countries with the highest oil share in electricity generation in 1980 were Italy (55%), Ireland (53%), Japan and Portugal (41%), Netherlands (37%), Greece (36%), Spain (34%), Belgium (30%), Turkey (26%), France (19%) and Denmark (18%).

By 1990, Japan is expected to cut its share by half while Italy and Ireland are projecting a decrease in their share to 34% and 17%, respectively.

The options for reducing utility consumption of oil include:

— accelerating construction of new non-oil fired power plants, while prohibiting oil fired plants;

— converting existing oil-fired capacity to coal, or replacing it by coal, nuclear or other fuels;

— reducing the need for new capacity through conservation and load management.

OECD countries have agreed that no new oil-fired plants should be authorized except in particular circumstances where there are no practical alternatives. Most countries now have policies that generally prohibit new oil-fired capacity and some countries (e.g. Germany) also prohibit new gas-fired capacity. However, some countries (e.g. United Kingdom) are still starting the construction of new oil-fired plants. Furthermore, those countries with prohibitions on new oil-fired capacity have exception clauses; the stagnation of nuclear and coal supply programmes in some countries could conceivably cause these exception clauses to be more frequently invoked.

The conversion or replacing of existing oil-fired power plants is an option which has been pursued more or less vigorously in different OECD countries, due to differing perceptions of the advantages and technical feasibility of burning coal in equipment now using oil. In Germany, due to the age of most monovalent oil-fired power plants, conversion is not seen to be an economic solution. Newer bi- or trivalent units were switched to coal without difficulty, and the operation of older units is generally restricted to peak loads. In other countries, such as Spain, conversion has not yet started, or is at planning stage (for example in the Netherlands). Conversion is being actively pursued in Italy and Japan, and has been successfully achieved in Denmark.

Conversion or replacement becomes attractive when the fuel costs alone of an existing oil plant exceed the cost to construct, fuel and maintain a new coal or nuclear plant or the cost to modify, fuel and maintain an existing coal-capable plant. Comparison of costs of generating power from an existing steam-based oil plant in the United States with the costs of building and operating a new coal plant, for example, show that under mid-1980 oil prices it was economic to "scrap" a brand new oil plant and to replace it with coal*. Replacement

---

* EPRI, Overview and Strategy Program, 1982-1986, Palo Alto, November 1981

of older oil-fired plants by nuclear or coal, or conversion of existing plants to coal would generally show still greater economic advantages, and is the likely response an operating utility would make when bringing on line new non-oil or gas generation. In Annex I more details are given regarding comparative fuel generation costs.

Conservation and load management programmes also offer opportunities for oil displacement by allowing currently planned capacity that otherwise would have been needed to satisfy increased electricity demand to substitute for existing oil-fired capacity. However, if new construction is not actively pursued, then conservation can paradoxically result in increased oil consumption. This is because in the face of declining electricity growth rates, utilities may defer construction of new nuclear and coal-fired plants and continue to operate oil units in baseload, thereby consuming more oil, at higher cost, than they would if they had maintained their construction schedules.

Although factors such as load requirements, oil prices, and age of oil-fired capacity and environmental considerations will influence decisions by utilities to convert oil-fired generation, government policies can play a major and sometimes decisive role. While most countries prevent the construction of new oil-fired generation, no countries have provisions to force utilities to convert oil-fired generation to coal or nuclear, and only a few countries (Japan, Italy, Sweden and Spain) provide incentives for the conversion of oil-fired electricity generation.

III PROJECTIONS OF NUCLEAR POWER GROWTH

Installed nuclear capacity in OECD-countries has risen from a little over 17 GWe in 1970 to over 130 GWe in 1981. This is an increase in the nuclear share of electricity from a little over 1% to around 12% in the period. This is a considerable achievement, but it is less than half of the capacity that was predicted to be installed by now in studies undertaken in the early 1970s.

Figure 3 shows how projections of installed capacity for the OECD area have changed with time during the last ten years, as reported at approximately two year intervals by the NEA in its report "Uranium Resources, Production and Demand" (commonly known as the "Red Book") the most recent edition of which was published in February 1982*. There has been a steady decline with time of the projections for the shortest term (1975 and 1980) and a much more substantial decrease in the projections for 1985 and 1990. In spite of the oil crisis of 1973, and the national reactions to switch to alternative energy sources, the rate of decrease in the projected installed capacity actually accelerated, with the result that projections contained in the 1973 edition to the report were approximately halved by 1977.

A recent High Level Workshop on Nuclear Energy Prospects** was charged with making a critical assessment of nuclear energy growth with emphasis on the period to the year 2000. As a basis for discussion, a base case was computed by the NEA Secretariat for the period to the year 2000. This projection relied heavily on the data contained in the questionnaire responses for the recent report « Nuclear Energy and its Fuel Cycle: Prospects to 2025 »***, modified by recent data provided to the NEA Secretariat or to the IEA's Standing Group on

---

* « Uranium Resources, Production and Demand », February 1982, OECD, Paris.

** 11-12th February 1982, Paris

*** This report, commonly known as the « Yellow Book » was published by the OECD in May 1982.

Figure 3

CHANGES IN INSTALLED NUCLEAR CAPACITY FORECASTS FOR OECD AREA

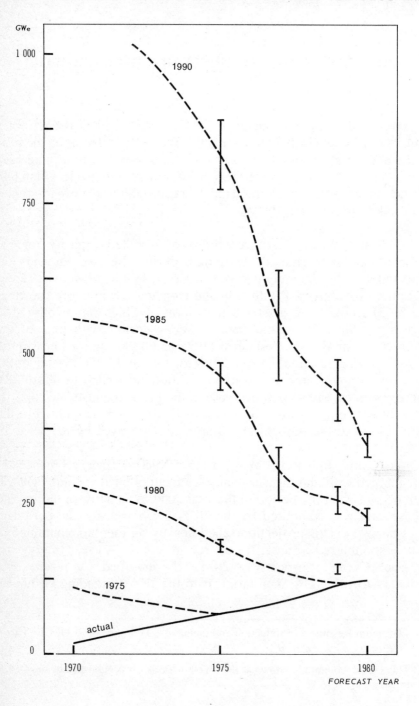

Long-Term Cooperation (SLT). Where countries did not provide official data to 2000 corresponding extrapolations were made. The result was a projection which gave an installed capacity of 325 GWe by 1990 and 513 GWe by 2000.

At the Workshop it was agreed that a figure of around 500 GWe installed capacity by the year 2000 would be a reasonable base case. At the same time, delegates considered that a lower value (around 450 GWe) might be a prudent estimate for energy planners to use. An independent assessment of the data by IEA resulted in a somewhat wider range from 390 GWe to 504 GWe by the end of the century while the IEA-Reference Case uses a value of 460 GWe for the year 2000. The different assessments are presented in Table 4.

At the end of 1981, 163 GWe of capacity was under construction, of which 81 GWe was in the United States and 33 GWe in France; an additional 21 GWe had been authorised and 53 GWe are in the planning stage (see Table 5).

Given the lead times involved, a fairly well-defined range of nuclear capacity possibilities can be established for the period through 1990 although even in this time frame licensing and construction delays, or changes in national policies can have important impacts.

Nuclear power plants under construction which are not yet in an advanced stage of completion will probably not be in operation by 1985. Nuclear plants which were halted by court injunctions are considered at risk.

For 1990, plants which are not yet under construction or authorised are at risk as well as some plants in the United States, which are not in an advanced completion stage or whose completion is now postponed indefinitely.

Table 4 presents a country breakdown of what is thought possible and what is at risk in 1985 and 1990. For 1985, the United States, the Netherlands, Japan, Germany and Spain have some capacity at risk (14 GW) which in the case of the latter three countries would be due to delays in the scheduled nuclear programme. In the United States, however, the cancellation of some power plants not significantly completed are likely while the capacity actually in operation in the Netherlands might be phased out.

For 1990, all OECD countries with nuclear programmes, except France, Belgium and Sweden, are assessed to have some capacity at risk in their national projections. In the case of Canada, Japan, Germany, Italy, Spain and the United Kingdom, this capacity might only be delayed and be available later than 1990. In other cases, existing capacity might be phased out (Netherlands), authorised plants cancelled (United States) or plants under construction cancelled (United States). There could be room for improvement, particularly in the United States, if current uncertainties can be overcome.

The mid-term (1991-2000) is a period beyond detailed considera-tion by many countries and thus is characterised by greater uncertainty than the near-term. Many countries are actively developing plans for this time frame and these generally indicate a continuing nuclear expansion. However, the rate of growth of nuclear power output will likely slow dramatically as fewer and fewer orders are being placed for new nuclear plants. Since the end of 1978 only 36.8 GWe have been ordered, of which 26.5 GWe were in France, while 30.9 GWe have been cancelled in the United States (see Table 5).

The uncertainties of the development of nuclear capacity in the 1990s is reflected in the wide range of estimates from the IEA "low estimate" of less than 400 GWe to a value of around 500 GWe based on country projections. The low estimate is based on countries' low projections where these are available (e.g. Canada, Sweden, the United Kingdom and Switzerland) or on estimates which assume the reaching or holding of the projected 1990 level (e.g. Belgium, Italy and Netherlands). Additional but modest capacity increases are assumed for the United States, Japan, the Federal Republic of Germany and Spain. Details of the projections are shown in Table 4.

If nuclear energy is to meet even the modest current goals set by energy planners in OECD-countries for the rest of the century, about 200 GWe of nuclear plants would have to be authorised within the next ten years. This will require a profound turnaround in present trends. The average nuclear plant completion rate in the OECD area over the last decade has been 10 GWe/year. More than a doubling of this rate will be required to achieve the capacities forecast. If only the low range of projected nuclear capacity were to be achieved, about 80 GWe additional capacity would have to be authorised within the next ten years. Even this will critically depend on the development of the nuclear programme in the United States.

Table 5

Status of Nuclear Programmes (GWe) at the end of 1981
OECD

	Operating	1990 Country Projections	Difference	Under Construction	Sites Approved & Authorised	Planned but no Site Approval	Experience since end 1978	
							New Orders	Cancellations
Belgium	1.7	5.5	3.8	3.8	-	-	-	-
Canada	5.2	15.0	9.8	4.9	-	5.2	-	-
Finland	2.2	2.2	-	-	-	-	-	-
France	22.0	56.0	34.0	33.4	7.8	-	26.5	-
Germany	9.9	25.0	15.1	9.3	1.3	11.3	1.3	-
Ireland	-	0.6	0.6	-	-	-	-	-
Italy	1.4	5.4	4.0	2.0	-	4.0	-	-
Japan	15.7	51.0	35.3	9.2	6.1	17.0	3.8	-
Netherlands	0.5	0.5	-	-	-	-	-	-
Spain	2.0	12.7	10.7	10.6	3.0	-	-	-
Sweden	6.4	9.4	3.0	3.0	-	-	-	-
Switzerland	1.9	2.8	0.9	0.9	-	2.1	-	-
United Kingdom	6.4	12.3	5.9	5.6	-	1.2	4.2	-
United States	56.4 [1]	121.0	64.6	80.7 [2]	2.6	12.7 [3]	-	30.9
Total	**131.7**	**319.4**	**187.7**	**163.4**	**20.8**	**53.4**	**36.8**	**30.9**

1. Not including 1.1 GW installed but not operating
2. Of which 15.7 GW are less than 20% completed and subject to delays or cancellations.
3. Not included : 3.5 GW ordered but no permit application.

IV SUPPLY AND DEMAND CONSIDERATIONS

The fuel cycle requirements have been calculated for the NEA-Base case and are shown, together with the appropriate supply information in Figure 4. There are no technical reasons why any credible level of requirement relating to reactor fuel and fuel cycle services could not be met by supply, at least to the year 2000 and possibly beyond that date, except for the reprocessing of spent fuels. However, there are other factors at play that have a major influence on supply and demand.

1. Front End of the Fuel Cycle

The uranium market is almost certainly the most important factor that will determine the rate at which uranium is produced. Because of the limited number of new orders for nuclear power plants in recent years, relative to predictions earlier in the 1970s, and the increased production capabilities of major producing countries, an over-supply situation has developed and the price of uranium has fallen. This has occurred at a time of steadily rising costs of production and has caused several producers to stop the exploitation of some deposits and to selectively mine others. This could lead, in some cases, to a loss of a significant part of the resource base. The loss of confidence in the market could be expected to result in a decline in the level of investment in the industry and this has already had the effect of a reduction in the levels of exploration in many countries. The reaction of the industry to the present market situation could have a pronounced effect on the supply of uranium in the longer term.

Of greater concern is the decreasing incentive to explore for and develop uranium provinces. A steady and predictable expansion of nuclear energy would provide the incentive and stimulus for the exploration effort required to increase uranium resources to levels sufficient to meet long-term demands. On the other hand, fluctuating demand projections can result in instability within the uranium supply

Figure 4

**COMPARISON OF FUEL CYCLE SUPPLY AND DEMAND IN OECD FOR
THE PERIOD 1980-2000 BASED ON NEA BASE CASE**
(Load Factor = 70 % - Tails Assays = 0.20 %)

(a) Annual Natural Uranium (thousand tonnes U per year)

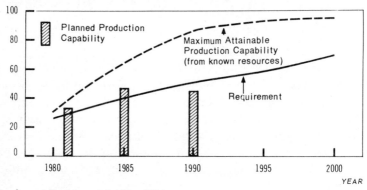

(b) Annual Enrichment (million SWU per year)

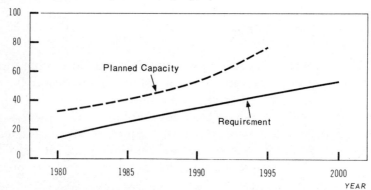

(c) Cumulative Spent Fuel Arisings (thousand tonnes HM)

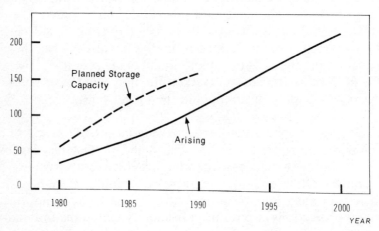

industry which could eventually lead to supply difficulties, especially with the long lead times from start of exploration to first production from a successful discovery (now in the order of 15 years).

The attainable uranium production by OECD countries could meet OECD requirements to the end of this century, and could exceed them well into the next century depending on the rate of growth of nuclear energy and the reactor strategies followed. However, the regional situation is considerably different with the United States and Canada being the only two countries with sizeable nuclear programmes which are essentially self-sufficient in uranium. Total European uranium production will only rise to a little above 6,000 tonnes per annum, with the majority of this uranium being produced and consumed in France. On the other hand, European consumption will rise from around 15,000 tonnes to between 30,000 and 50,000 tonnes by the end of the century and, unless fast breeder reactors are introduced quickly, will continue to rise rapidly. Similar supply/demand situations also occur in Japan and many non-OECD countries.

Regional imbalances in supply and demand, which result in the need of some countries to import uranium and/or fuel cycle services, have received a great deal of attention in the past. Fear of interruptions in the supply of fuel has led consumers to diversify their sources of supply, especially of natural uranium, often away from traditional trading partners, and to establish substantial stockpiles which could exert a considerable influence on the future uranium market.

Enrichment and fuel fabrication service capacities are adequate to meet requirements well into the future. In addition, the lead times in developing these capacities are generally shorter than for reactor construction or uranium supply; there are, however, again regional imbalances (e.g. a shortfall of enrichment capacity in Japan). Currently, most countries deploying nuclear power have no enrichment capacity, but rely on purchasing necessary services from others. Some of them, however, have plans to construct facilities, so that the situation may change in the 1990s.

2.   Reactor Manufacturing and Construction

As a result of the high nuclear power projections in the early 1970s, the reactor manufacturing industry rapidly expanded its capacity so that the estimated current manufacturing capacity in the seven major OECD supplier countries (Canada, France, Federal Republic of Germany, Japan, Sweden, United Kingdom and United States) is between 50 and 60 GWe per annum. There is a large over-capacity at the present time and even if the base case projections are met, this over-capacity could persist until beyond the end of the century. Even higher growth rates would therefore not exceed the *present* manufacturing capacity.

The present over-capacity situation is causing considerable concern about the future viability of the nuclear industry. A prolonged lack of orders in the 1980s could have a critical effect on the industry's ability to respond to the projected needs of the following decade. The resources for design, engineering and manufacturing are already beginning to be dispersed into other business activities. This trend can be expected to accelerate unless there is very rapid change in expectations for nuclear growth. Orders for nuclear power plants from outside OECD are unlikely to do more than palliate this situation.

3.   Back End of the Fuel Cycle

The availability of adequate services for dealing with the products of the back end of the fuel cycle is of vital importance to the future of nuclear energy. These include transport and storage of spent fuel, reprocessing, management and disposal of wastes, and decommissioning of nuclear facilities.

A simple comparison between projected requirements for spent fuel storage and present and planned storage capacity for the OECD shows that no technical or industrial problems should be experienced in this area provided current plans are realised (see Figure 4).

Some countries, however, are already experiencing political difficulties due to unavailability of adequate storage at and away from reactors. Long term repositories must be built soon. The construction and operation of such storage facilities would constitute a significant industry in its own right, and institutional arrangements will require careful consideration by the appropriate national bodies keeping also in mind the advantages of international cooperation. However, given the relatively short lead times for the installation of storage facilities and the comparatively simple technology involved, there are no technical reasons, with timely administrative action, why lack of storage should impede nuclear developments. It is, however, possible that public opposition could prevent or slowdown the construction of spent fuel stores.

Reprocessing is a more controversial topic. Most OECD countries with nuclear programmes can be expected to reprocess at least some of their spent fuel, or to have it reprocessed, to provide plutonium needed in the advanced thermal and fast reactors. In addition, larger reprocessing capacity will be needed if it is considered environmentally desirable to reprocess all spent fuel, or if it became attractive to use plutonium in conventional or advanced thermal reactors. Commercial scale reprocessing is planned by only a few countries at the present time and the reprocessing industry will need to expand considerably if the widescale adoption of breeder reactors is to be achieved in the early part of the next century. In recent years there have been serious international political impediments to reprocessing, and discussions within the IAEA are seeking to define appropriate measures for the control of separate plutonium.

All countries requiring fuel to be reprocessed are unlikely to have their own reprocessing facilities, so that trade in this area of the fuel cycle will continue to expand. Several countries, especially some of the smaller OECD countries are concerned about access to reprocessing services especially when the future of nuclear power in their countries depends on such services being available. Multi-national industrial cooperation could increase the long-term assurance of availability of this and other fuel cycle services while at the same time offering advantages of economy of scale for countries with smaller nuclear power programmes.

The question of disposal of nuclear wastes is discussed in Chapter VI.

4. Possibilities for more Rapid Nuclear Growth

There are no technical or industrial reasons why supply of fuel and fuel cycle services could not meet any realistic level of demand for the rest of this century or even beyond it. In fact a much higher rate of growth than that discussed above could be supported by the supply and reactor construction industries. For example, in response to a high rate of electricity demand growth, nuclear power could expand at a rate which would lead to an installed capacity of 680 GWe in the OECD area in the year 2000*. This "high-growth" case would present no technical problems in the supply of uranium, heavy water, enrichment or fuel fabrication services and the required two to three-fold increase in the present plant installation rate is within the capacity of the nuclear industry. The arrangements for the management of spent fuel would demand careful consideration by appropriate national and international bodies, but no insurmountable technical problems are foreseen.

---

* This case was calculated by the Working Party on Nuclear Fuel Cycle Requirements (WPNFCR) and is described in detail in the report "Nuclear Energy and its Fuel Cycle: Prospects to 2025" where it is referred to as the "high growth case". This and other projections made by the WPNFCR were based for the short-term primarily on questionnaire responses and for the longer term on estimates of total electricity demand with limiting values for the share of this demand that nuclear could reasonably be expected to fill.

Figure 5

NUCLEAR CAPACITY IN OECD COUNTRIES (1980-2000)
Yellow Book High Case and Most Likely Case (Base Case)

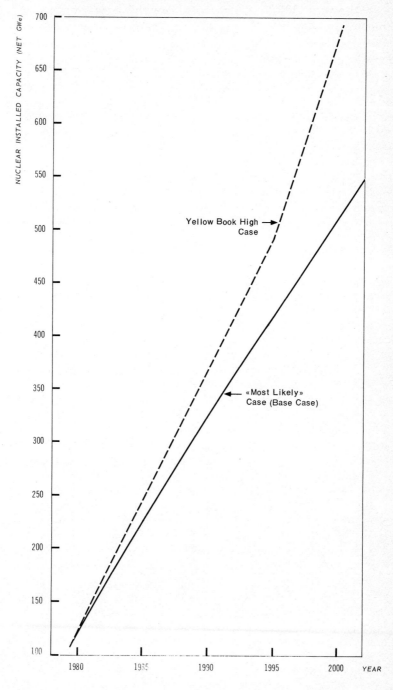

V IMPACT OF THE NUCLEAR CONTRIBUTION ON THE OVERALL ENERGY SITUATION

1. Energy Demand and Supply

Three scenarios for OECD Energy Demand and Supply were considered and details are given in Table 6.

The *WEO-High Demand Scenario* (constant oil price/high growth) is based on an economic environment resulting in buoyant energy demand growth. Its basic assumption is that oil prices would remain constant in real terms in the long run, (i.e. increase at the rate of inflation), between the mid-eighties and the end of the century. Until 1985, however, real oil prices are assumed to decline by 3.9% per year. The result would be a real oil price of about US$ 28 per barrel, in constant 1981 dollars, after the mid-eighties. In line with this pricing outlook, the scenario assumes economic growth rates of 2.6% per year, on average, between 1980 and 1985, and of 3.2% per year in the 1985-2000 period. In fact, only with such relatively high economic growth is there a reasonable outlook for gradually reducing the number of unemployed which is now almost 30 million in the OECD area.

In the *WEO-Low Demand Scenario* (rising oil price/lower growth) energy demand growth would be dampened by gradually rising oil prices and subdued economic growth. The scenario assumes a 3% annual increase in the real oil price after 1985. For the immediate future, a price decline of 3.3% per year is assumed. This would mean that real oil prices in constant 1981 dollars would fall to about US$ 29 per barrel in 1985 and then grow to levels of about US$ 45 per barrel at the end of the century. As in the first scenario, assumptions for economic growth are based on a recovery in the first half of the 1980s but at lower rates, averaging 2.4% per year through 1985 and 2.7% per year over the period 1985-2000. While these growth rates may still seem high in the light of the present recession, they would not be sufficient to effectively curb unemployment. Hence, the overall economic performance associated with this scenario would be far from satisfactory.

Table 6
Underlying Assumptions of Demand Projections

	1980-1985	1985-2000
High Demand Scenario:		
Constant Oil Price/High Growth		
Real Oil Price	− 3.9%	+/− 0%
Economic Growth	+ 2.6%	+ 3.2%
Low Demand Scenario		
Rising Oil Price/Lower Growth		
Real Oil Price	− 3.3%	+ 3.0%
Economic Growth	+ 2.4%	+ 2.7%

For these two cases, an econometric model developed by the IEA Secretariat provides quantitative assessments for final energy use in the OECD area on a sector-by-sector, country-by-country basis. In addition, electricity demand is derived separately on the basis of both estimated rates for electricity penetration and overall energy demand in the residential/commercial and industrial sectors. As electricity demand is projected to grow faster than overall energy demand, energy use for electricity generation shows an increasing trend and tends to widen the spread between final energy use and total primary energy requirements.

The *IEA Reference Case* established in mid-1980 and built up from energy balances of individual OECD countries are based on the following major features:

— a consistent fall in OECD net oil imports from about 27 Mbd* in 1979 to slightly over 21 Mbd in 1990 and about 16 Mbd by 2000; a consistent fall in OECD oil demand from nearly 39 Mbd in 1979 to about 33 Mbd in 1990, and about 28 Mbd by 2000; over the period, oil demand as a share of TPE is halved from over 50% in 1979 to 26% by 2000;

— continuous improvements in the efficiency of energy use, a rough measure of which is the TPE/GDP ratio or its annual rate of change; this ratio falls by about 1.4% a year between now and 2000, compared to a fall of only 0.4% a year between 1960 and 1979 and a fall of 1.4% a year since 1973;

---

*   Mbd - million barrels per day

Table 7.

— a growth in OECD energy demand of about 1.9% per year 1980-1990, falling slightly to 1.8% per year 1990-2000; together with a climate of healthy economic growth of nearly 3% for the period 1979-1990, and over 3% for 1990-2000;

— an increase in OECD domestic energy production of about 2.5% a year between 1979 and 2000, with its share of TPE rising from nearly 70% to over 80%; coal and other solid fuels provide almost 60% of the incremental domestic supply over the period and nuclear provides about 30%.

In all three cases, the nuclear contribution assumed for the years 1990 and 2000, is below recently published forecasts or official country projections. Nevertheless, the nuclear share of TPE is expected to grow from about 4% in 1980 to 10% (WEO-Cases) or about 9% (Reference Case) in 1990 and to about 11% (WEO-Cases) or about 12% (Reference Case) in 2000. The example of the Reference Case shows the relationship between a relatively high nuclear contribution and a low oil contribution. While the two WEO-Cases assume net oil imports in the order of 1,809 Mtoe (High Case) or 1,222 Mtoe (Low Case) by the year 2000, the net oil imports in the Reference Case amount to only 1,154 Mtoe. As far as electricity generation is concerned the two WEO cases even assume 135 GWe (High Case) or 80 GWe (Low Case) more oil and gas fired capacity than the Reference Case (see Table 8).

2. Electricity Generation and Fuel Type Mix

The projected electricity generation fuel type mix are given for the three scenarios in Table 8 (installed capacities, GWe) and Table 9 (percentages).

While the trend to less oil-fired generation in 1985 and 1990 is similar in both the official country projections and the Reference Case, there are some differences in the alternative fuel mix foreseen, particularly for 1990. The reference scenario, which in general foresees lower electricity growth rate projections, mainly because of the energy conservation assumed, projects a higher share for coal in 1990 particularly for North America and the Pacific. It thus takes into account the present difficulties and uncertainties in the United States nuclear programme and the possibility of major slippage in the Japanese nuclear programme. By the year 2000 the Reference Case assumes very little oil electricity capacity which is a very ambitious target. What will then exist is likely to be in environmentally sensitive areas, for peaking purposes, or in plants for markets where grids from coal-fired or nuclear stations cannot reach.

The changing fuel input mix for electricity is overwhelmingly dominated by steaming coal and, to a lesser extent, nuclear. While in the period 1980-1990 coal is expected to grow at a slower rate than nuclear, the majority of new capacity in the 1990s would be coal fired in most countries (see Table 7). Despite the economic advantage of nuclear power in base load electricity generation this selection process reflects in some instances social priorities, in other cases diversity of supply, and in still other cases, particular impediments to nuclear deployment as discussed in Chapter IV.

Table 8
OECD - Generation Capacity (GWe)

	1980	1990			2000		
		Ref. Case	WEO		Ref. Case	WEO	
			High	Low		High	Low
North America							
Oil	158	47	87	51	21	77	63
Gas	81	66	54	41	29	34	40
Coal	264	317	297	306	482	496	413
Nuclear	61	143	126	124	193	168	161
Pacific							
Oil	62	76	79	69	36	60	54
Gas	24	66	41	47	29	43	49
Coal	20	51	46	41	107	87	60
Nuclear	15	25	42	37	54	64	56
Europe							
Oil	125	79	14	13	17	31	14
Gas	19	43	16	13	16	27	13
Coal	125	142	149	144	202	250	222
Nuclear	44	126	147	142	213	211	190
OECD-Total							
Oil	343	201	180	133	74	169	131
Gas	124	167	111	101	73	104	96
Coal	409	511	491	491	792	834	695
Nuclear	121	294	318	303	460	443	407

Table 9

Projected Electricity Generation/Fuel Type Mix by OECD Regions (%)

	Actual 1980	1990 WEO High	1990 WEO Low	1990 IEA Ref. Case	2000 WEO High	2000 WEO Low	2000 IEA Ref. Case
North America							
Coal	47.8	48.5	52.1	50.1	55.7	52.3	57.2
Oil	9.5	7.1	4.4	3.7	4.3	4.0	1.3
Gas	12.7	4.4	3.5	5.2	1.9	2.5	1.7
Nuclear	10.9	20.5	21.1	22.5	18.8	20.4	22.9
Hydro/Other	19.1	19.4	18.8	18.5	19.2	20.8	16.9
Pacific							
Coal	23.4	26.1	25.3	26.8	35.3	28.9	43.9
Oil	33.0	22.4	21.0	21.9	12.1	13.1	7.8
Gas	10.9	11.8	14.4	16.9	8.7	10.3	6.3
Nuclear	12.7	24.1	22.7	17.5	25.7	27.1	26.4
Hydro/Other	20.0	15.5	16.6	16.9	18.2	20.6	15.6
Europe							
Coal	39.2	37.8	38.3	35.7	40.5	41.1	39.2
Oil	20.6	1.8	1.7	9.9	2.5	1.3	1.7
Gas	7.2	2.0	1.7	5.3	2.2	1.2	1.5
Nuclear	11.1	37.5	37.9	31.7	34.3	35.2	41.2
Hydro/Other	21.9	20.9	20.4	17.4	20.5	21.2	16.4
OECD-Total							
Coal	42.3	41.6	43.6	42.4	47.5	45.2	49.8
Oil	15.6	7.6	5.9	8.4	4.8	4.3	2.4
Gas	10.3	4.7	4.5	6.9	3.0	3.1	2.3
Nuclear	11.5	26.9	27.0	24.4	25.2	26.5	28.9
Hydro/Other	20.3	19.1	19.0	17.9	19.5	20.9	16.6
Memorandum Electricity Fuel Input (Mtoe)							
OECD-Total	1259	1652	1577	1688	2458	2152	2225
Coal	532	688	688	716	1167	973	1109
Oil	196	126	93	141	118	92	52
Gas	130	78	71	117	73	67	51
Nuclear	145	445	425	412	620	570	644
Hydro/Other	256	315	300	302	480	450	369

The nuclear estimates in all three scenarios are relatively low. The 460 GWe capacity assumed in the Reference Case for the year 2000 is about 200 GWe lower than the low INFCE figure but is very close to the estimate of the High Level Workshop (450-500 GWe) and the most recent NEA assessment (489 GWe). The assumed coal-fired capacity in 2000 is 792 GWe or about 100-300 GWe lower than some recent estimates.* These lower capacities are wholly due to relatively low electricity demand growth assumptions, even though there might be potential for greater penetration of electricity. However, if one looks at the generation capacity projected by OECD countries by 1990 (about 595 GWe for coal and 325 for nuclear) this means that about 200 GWe of additional coal-fired generation capacity and about 120 GWe of additional nuclear capacity would have to be added in the period 1990 to 2000.

Table 10
Estimated Projections for Coal and Nuclear Capacity (GW)

Nuclear	1980	1990 Ref. Case	1990 INFCE* Low	1990 INFCE* High	2000 Ref. Case	2000 INFCE* Low	2000 INFCE* High
N. America	61	143	177	214	193	307	426
Europe	44	126	165	209	213	276	407
Pacific	16	25	45	60	54	100	150
TOTAL	121	294	387	483	460	683	1013

Coal	1980	1990 Ref. Case	1990 WOCOL* Low	1990 WOCOL* High	2000 Ref. Case	2000 WOCOL* Low	2000 WOCOL* High
N. America	264	317	322	410	482	503	686
Europe	125	142	236	282	202	297	373
Pacific	20	51	57	58	107	103	114
TOTAL	409	510	615	750	792	903	1173

* *International Nuclear Fuel Cycle Evaluation (INFCE) Report of Working Group 1,* IAEA Vienna 1980 and, for example, *Coal Bridge to the Future, Report of the World Coal Study* (WOCOL), M.I.T. 1980. The implicit conversion factor used here is that 1.4 Mtoe is equivalent to 1 GWe, with 70% load and 35% efficiency factors.

If electricity demand were to be higher than assumed in the Reference Case, more coal and nuclear capacity would have to be added in order to avoid greater dependence on oil-fired electricity. To meet the higher electricity demand in the WEO High Case additional capacity (over and above the Reference Case) in the order of about 60 GWe would have to be built by the year 2000.

3. Implication of a shortfall in nuclear capacity

The difference between the nuclear contribution assumed for the year 2000 in the IEA-Reference Case (460 GWe) and the possible capacity which could be installed if nuclear programmes are further delayed (IEA-Low Case see Table 5) is a shortfall of 70GWe. This represents about 100 Mtoe annually which would put greater pressure on other parts of the energy system.

This would imply:

— an additional annual requirement for 140 million tons of coal and 70 Gwe addditional installed coal-fired capacity to substitute for nuclear in electricity generation; or

— an additional annual requirement for 100 Mtoe oil or gas and 140 GWe additional (or not converted) oil and/or gas-fired capacity to substitute for nuclear in electricity generation; or

— an additional requirement for 2 million barrels of oil equivalent per day in the form of oil and/or gas to substitute for electricity in end use; or

— a lower overall energy growth rate by about 0.5% per year from 1990-2000 which would require even greater efforts to increase energy productivity in order to prevent economic growth rates falling below 3%.

The Reference Case already assumes high rates of energy productivity growth (1.4% per year, 1980-2000) and a very ambitious coal-fired generation programme (almost a doubling from the present level of 410 GW). The risk exists, therefore that a nuclear shortfall would be at least partly compensated by higher oil use either in the form of electricity or direct use, or by lower energy supply and economic growth. Either alternative would have negative implications for the economies of OECD-countries and therefore jeopardize their efforts to reduce oil dependence through changing their electricity generation fuel mix and increasing the use of electricity to provide a better balanced energy system.

Only in the case of the Low WEO Scenario, would the possible nuclear shortfall be smaller. However, it should be noted that oil use in this Scenario is much higher (31.4% of TPE) than in the Reference Case (26% of TPE), and overall economic performance associated with this Scenario would be far from satisfactory.

Not included in this quantitative comparison are the heavy economic losses to consumers in OECD economies that would result from the much higher costs of using oil, gas or even coal (see Annex II) instead of nuclear generated electricity, while in some countries a domestic energy source (uranium) which cannot be used for other purposes would remain unexploited. A further examination of the role of nuclear power should therefore focus on the refinement of economic and cost analysis of all aspects of nuclear power including the economics and security of supply benefits and balance of payment problems as well as costs and benefits of increased electrification and energy efficiency and alternative uses of nuclear energy (e.g. process heat).

VI OTHER FACTORS
INFLUENCING NUCLEAR ENERGY GROWTH

In addition to electricity demand there are a variety of factors which influence the rate of nuclear energy growth. When new electricity capacity is required, or existing capacity is being replaced, utilities in many countries are usually faced with the choice between nuclear and coal fired plants though in a few countries hydro still has some potential. The factors which influence the choice between energy options include security of energy supply, economics of production and public and utility confidence in the nuclear option.

1. Security of Supply

In addition to reducing dependence on oil, nuclear has advantages from the point of view of security of supply. It allows for diversification of supply sources, especially with a large percentage of the world uranium production coming from OECD countries. The combined uranium resources of these countries far exceeds OECD requirements well into the next century. These resources could be produced given long term security of demand and adequate incentives for the producers. Uranium as a fuel occupies small volumes in relation to the energy it contains and it can therefore be easily shipped from one country to another, needing no special handling facilities, and can be stockpiled at little cost. Stockpiles to cover 2 to 3 years of nuclear fuel requirements are common and protect against any possible disruption of supply for even longer periods.

Security of supply is of particular concern to countries with small nuclear programmes, some of which have experienced supply interruptions in the past. The size of their demand is too small for much diversification of supply, and economies of scale preclude the construction of national enrichment, fabrication and reprocessing plants. Attempts at diversification can be hindered by certain conditions attached to the supply of fuel and fuel cycle services. Countries with small programmes therefore tend to rely on single suppliers for most of the necessary supplies and services. Even when it can be considered quite unlikely that these will be withheld, and when stockpiling of fuel can be used to remove much of the possible uncertainty, assurances of non-discriminatory access to supplies will remain as a matter of great concern to these countries.

2. Economics of Nuclear Power Production

Comparisons of electricity production cost data between different regions is difficult. Conditions vary greatly from country to country, and even from area to area within the larger countries, so that comparisons of absolute values are not very meaningful. However, it is possible to gain an indication of the relative costs of electricity generated from the various sources using idealised sets of data within given countries.

Electricity produced from existing nuclear plants is considerably cheaper than that produced from oil in all OECD countries. (See Annex II). Specifically data for France, show that for stations now under construction, the ratio of costs is 1 to 3.4 in favour of nuclear. In North America the ratio is computed to be less lying between 1 to 1.5 and 1 to 2. In the United States, this can be explained by higher capital costs for investments in nuclear plants as a result of the longer lead-times, as well as somewhat lower oil prices.

The costs of electricity produced from coal generally lie between those for oil and nuclear generated electricity, though in some places in the United States and Western Canada where there are abundant quantities of relatively low cost coal, the economic advantage of nuclear is marginal or even negative. In Europe, Japan and parts of Canada and the United States however, the cost advantage of nuclear over hard coal is very noticeable, in particular for baseload stations, and ranges between 20% and 100%.

Nuclear is more susceptible to capital cost escalation during construction while coal-fired generating costs are very sensitive to the price of coal. In spite of the long lead times for the installation and commissioning of nuclear reactors, which are at the moment reducing the economic benefits of nuclear power, the advantage will likely continue in the future due to the relatively small dependence of nuclear on fuel costs (see Annex II).

Partly because of the higher capital costs of nuclear plants, most countries have limited the introduction of nuclear plants to the provision of baseload power. However, in France and Belgium plans include a deliberate penetration to well beyond baseload as, in these cases, there are economic benefits which give a clear improvement in competitiveness in energy intensive industries.

Since most OECD countries are net importers of fuel, increased reliance on nuclear electricity generation, rather than on oil or coal could produce balance of payments benefits which would offset the higher capital investment required for reactors.

3. Public Confidence

Despite the technical arguments the lack of public acceptance in some countries often appears as the major constraint on the near-term development of nuclear power. There have, however, been wide variations among countries both in the form of public opposition that has taken place and in the degree to which it has affected nuclear projects.

The public's confidence is influenced by the issues of spent fuel and waste management, in particular the disposal of high level radioactive wastes, by the siting of nuclear installations, by environmental effects and by occupational health and accident risks.

Nuclear power often elicits public fears of accidents involving substantial radiation release. The fact that experts assess the probability of such accidents to be extremely low, given the high standard of safety designed into reactors, is often not enough to allay these fears which are at the heart of public opposition to the growth of nuclear-generated electricity. In order to ease these concerns, continuing efforts need to be made to ensure the safe operation of existing and planned reactors, and to reduce the risk of further incidents.

Public perception of nuclear power is influenced in most OECD countries by spent fuel and radioactive waste management issues. In some countries (Sweden, Germany, Switzerland) the authorisation of new plants has been linked to the demonstration that satisfactory solutions for spent fuel management and waste disposal can be implemented. This is due to the belief that public acceptance depends upon demonstrating that such solutions not only exist but are feasible and being implemented. Moreover, there is the practical risk of shutdown of reactors in some countries (Germany and the United States) towards the end of this decade if an adequate infrastructure for the interim storage of spent fuel and/or reprocessing capacity is not established in time.

The backlog of spent fuel will increase very rapidly during the next two decades and even if substantial reprocessing capacity is available before the end of the century, it will be necessary to construct temporary storage facilities. *Storage and transport and irradiated fuels* is, however, a well-developed and safe technology and internationally agreed transport regulations are currently implemented. New storage and transport facilities could be built as required, the construction time of a storage facility usually being less than two years, though the economics cannot be clearly defined until the criteria governing the licensing of such facilities are fully developed. The contribution to total generating costs is, however, small and so in spite of this uncertainty it can be stated that there are no technical or economic reasons why the storage and transportation of spent fuels should delay the introduction of nuclear power. If, in the longer term, there is a major expansion of the reprocessing industry, the questions of transportation, storage and uses of plutonium will become increasingly important, but without creating additional difficulties from the safety point of view.

In recent years, ever increasing attention has been paid to the issue of *management of wastes* from the nuclear industry and intensive national and international efforts are currently underway to apply in practice the various solutions which have already been developed, either conceptually or at the pilot scale. Significant efforts are still required for some of these solutions to achieve recognition of the technical developments and confidence in them. One of the most sensitive issues is management of high-level waste. Significant progress has been made by France in implementation of a programme for immobilising high-level waste through vitrification on an industrial scale. Vitrification processes are also being implemented by Belgium, Germany and the United Kingdom. Typical deep underground repositories for various types of geological formations have been defined based on both generic concepts and field experience, and have been used to evaluate the safety of this mode of disposal.

According to experts there is no technical or economic need for major investments in disposal facilities for high level waste for another forty or fifty years. In fact there are good reasons, including further cooling and possible further improvements in disposal technology for not disposing of them for some time. However, there is a striking difference between the confidence of the experts in the proposed solutions to the problems and the way the risks are perceived by the public. As public concerns in this area are now very strong and increasingly expressed in political and legal action it would be highly desirable to demonstrate the availability and adequacy of technologies for the disposal of high level wastes. Definition of what constitutes an acceptable demonstration will be a major step in this area and great care should be taken to ensure that any proposed programme should be established on a solid scientific and technical foundation. The preparation and execution of such a programme would require strong political support and increased public understanding of both the problems and the solutions.

Siting is an important issue particularly in densely populated countries of Europe and Japan. Technical problems are not expected to become particularly serious before the end of the century, but the siting issue is to some extent political as it is linked, in most cases, to public acceptance of nuclear power. Sites for nuclear power stations and fuel cycle facilities are chosen with respect to a multitude of technical criteria: availability of cooling water, site ecology, geology and seismic activity, local population density, land use and proximity of hazardous facilities such as dams, airports, chemical plants and petroleum product storage. Another factor to be taken into consideration is the feasibility of implementing emergency plans. In all OECD-countries, there are still sites available that are considered suitable on these technical grounds. However, these frequently meet opposition from the local population and local authorities. This opposition may also make it more difficult to find acceptable sites for facilities for the back end of the fuel cycle. Belgium, Germany, Japan and Switzerland for instance, are having increasing difficulties in gaining acceptance of potential sites.

In order to overcome this obstacle, underground or offshore sites are being considered in several countries in addition, of course, to the re-use of existing sites after the dismantling of existing plants at the end of their lifetime. In a number of countries, financial and other incentives to local or regional development plans, or reductions in electricity prices, have been successfully associated with the location of nuclear plants. The balance of legal powers between the central government and local or regional authorities in the siting procedures - which vary from country to country - may also be an important factor in the resolution of this problem.

The *environmental* effects and risks to the population during normal operation of nuclear installations can readily be kept to negligible levels, and the radiation exposure to a small fraction of variations in the natural background levels. Although comparison of safety and environmental effects are uncertain they generally favour nuclear power plants and their associated fuel cycle activities over plants using fossil fuels. Compared for example with the major future alternative, coal, it can offer some advantages which include less land use implication and no emissions of carbon dioxide, sulphur dioxide or nitrogen oxides.

4. Utility Confidence

The greatest *financial burden and risk* related to nuclear power falls on the electric utilities and affects them in different countries in different ways depending on the structure of the utilities (ownership, etc), the regulation of electricity prices, subsidies given to them and last but not least the overall economic climate.

Existing high interest rates in almost all OECD countries are a particular constraint for utilities which want to build nuclear reactors since, on average, over 60% of the construction funds needed must be raised in the external capital and credit market. In some countries the long lead times for the authorisation and construction of nuclear reactors have put such a financial burden on utilities that many of them have given up plans to build new plants and some of them, particularly in the United States, have even cancelled projects which were already under construction and substantially completed.

In the OECD, total lead times for nuclear power stations (including pre-construction) before full-power operation now average from 7 to 9 years, compared to only 5 years in the early 1970s. In the United States, lead times average 11 years compared to 6 years in the early 1970s, and some reactors are now scheduled to enter commercial operation more than 15 years after being ordered. While most delays formerly occurred early in the plant planning and construction phases, recent experience has shown that delays are likely all along the line, even after plants have been completed. Such long and uncertain lead times penalise the relatively capital-intensive nuclear operation.

The increase in lead times is claimed to be primarily due to continually increasing complexity of *regulatory processes* for the construction and operation of nuclear power stations. This claim, although undoubtedly true in some cases, is controversial in others, as illustrated by a recent report of the United States Congress which lays much of the blame for delays on unforeseen technical problems, utility management errors, and difficulties in raising capital. Moreover, incidents like in Three Mile Island can create such follow up costs (cleaning up, rehabilitation, insurance, loss of power) that some utilities, particularly in the United States are very reluctant to embark upon the construction of nuclear power plants. Both industry and regulatory authorities have to continue to improve their performances in this important area and relieve the growing concern.

The variety of regulatory schemes which have evolved in Member countries reflects the differences in constitutional, legislative and administrative structures. However, the general evolution over the last 10 years has been the creation or reinforcement of independent regulatory authorities and the continuous development of more stringent safety requirements for the design and construction of new power plants and, often, for existing facilites. In this context, the priority objective of ensuring the adequate level of safety has not always been weighed against the financial penalties which are associated with a protracted licensing process. Often regulatory authorities take the easy way by tacking additional regulatory requirements on already cumbersome processes rather than re-examining past actions to determine what changes are necessary to assure safety in substance, not procedure.

The electric utilities in the United States probably face the most critical situation. In addition to high inflation and high interest rates the problem is compounded by the State regulation of electricity tariffs, which is causing utility revenue increase to lag behind cost increase, resulting in earned rates of return which are less than current costs of capital. In many cases, State regulations do not (or only partly) allow the costs of new plant to be reflected in the rate base until the plant is actually commissioned. This reduces the utility cash flow and increases the cost of financing large long-term programmes, and it is a strong disincentive to utilities to follow the nuclear energy option even when, as is often the case, it is the most economic one.

Annex I

Electricity Demand and Sectoral Penetration

Electricity is currently used primarily for specialized applications. In *industry,* for example, most electricity demand is for motors, electric heat furnaces, electrochemical and electronics applications. In the case of electrochemical (e.g. electrolysis) and electronics, electricity's position is almost totally unchallenged by competition from other fuels. Only in the case of electric heat furnaces, can substitution between electricity and fossil fuels be justified. Yet even for this use, because many electric furnaces are confined to specialized applications, interfuel substitution is limited. As electrical appliances operate with a high degree of efficiency relative to fossil fuel appliances, electricity in industry stands first to be less amenable to substantial savings and second, to keep or increase its share in the market. Electricity finds increasing uses in steel-making, in electric furnaces, in process heating, in induction furnaces, etc, improving the quality of the product, decreasing rejects, extending tool life, saving raw materials and improving working conditions. The use of heat pumps for the drying of wood, leather, skins, etc, saves more than 40% in primary energy. Other promising areas include the use of electric heat pumps for space heating and for air conditioning, both residential and industrial, production of hydrogen by the electrolysis of water in off-peak hours, for synthetic fuel production, for energy storage and for general purposes, and also for pumped hydro and compressed air energy storage.

The emphasis in the economy of most countries has shifted in the past from heavy manufacturing industries, which are not very electricity intensive to lighter manufacturing and service industries, which are electricity intensive. This trend is expected to continue in practically all advanced industrialized countries. In addition, total factor productivity improvements in the industrial sector are closely linked to the use of electricity. A comparison of international economic output versus energy consumption of eight industrialized countries* indicates that electricity's relative economic efficiency as measured by its contribution to economic output is approximately 3 to 14 times that of coal, whereas petroleum's relative economic efficiency is about 2 to 3 times that of coal. Therefore, electricity's increasing penetration has been a major factor in the increase of energy productivity as well as in total factor productivity.

In the *residential/commercial* sector most electricity demand is for lighting purposes (about 26% in Western Europe) and the operation of domestic appliances (about 46% in Western Europe). The growth of television sets, dishwashers, electronic devices, etc., is likely to exceed the growth of GDP in future years until a certain point of saturation is reached. Hence the demand for electricity in this area is also likely to continue to grow at higher rates than GDP but also depending on efficiency improvements in electricity appliances. However, electricity demand in the residential/commercial sector can easily substitute for other fuels in space heating, water heating and cooking. In these uses, factors such as fuel price differentials, quality of the service, capital equipment, growth of new housing stock, and relative efficiencies (e.g. through heat pumps) will play an important role.

It is noteworthy that in the 1975-79 period when energy demand in the residential/commercial sector increased by only 2.1% annually, electricity demand grew by 4.0%. This wide disparity between the growth rate of electricity and total final energy reflects, in industrialized countries, the link between electricity demand and overall economic activity. GDP in the 1975/79 period grew by 4.1%, more or less identical to the electricity growth. This linkage between economic growth and electricity demand is due to the accumulation of domestic appliances as well as some substitution of electricity for oil.

In the small market of electric traction some electricity demand growth can be expected if oil prices continue to increase. Railway networks are going ahead with electrification programmes. Electric vehicles for both private and public transportation could become an effective alternative for future transportation equipment in some cases. The only check on electricity demand in the transportation sector will be delays in such programmes due to either deficits of railway corporations or tighter government expenditure.

---

* G. Adams and P. Miovac, « Relative Fuel Efficiency and the Output Elasticity of Energy Consumption in Western Europe » Journal of Industrial Economics, November, 1978.

For the next decade sectoral electricity demand is expected to develop differently from in the recent past. While the growth rate in industry, for the 1974-80 period (2.5% per annum) was lower than in the residential/commercial sector (3.8% per annum), the pattern in the future is expected to be the opposite. Hence from 1980 to 1990 (see Table 4), both IEA-Country Projections and the IEA-Reference Case assume an electricity growth in industry in the range of 4 to 5%, while in the residential/commercial sector the predicted growth rate is about 3% per annum.

The main reason for this expected reversal of electricity growth patterns is, in the case of the residential/commercial sector, the gradual saturation of domestic appliances and further penetration of natural gas in the household sector, both of which are expected to affect the demand for electricity. To some extent, however, this trend could be offset by the increasing use of heat pumps which at the same time would increase overall energy efficiency. On the other hand the ongoing restructuring towards lighter industries, the high demand for electronics and the increasing demand for industrial process heat are expected to sustain higher electricity demand in the industrial sector than in the recent past. However, this development will be influenced by factors such as the level of aluminium and steel production in OECD countries.

As well, total electricity demand will be supported by a comparative price advantage that electricity has been building over other fuels. For the six OECD countries for which comparable data are available, average electricity prices in industry rose in the 1973-80 period by 208% while heavy fuel oil prices rose by 446%. In the residential/commercial sector, over the same period, the average increase in electricity prices was 115% compared to an almost 400% increase in light heating oil prices.

Although electricity is still more expensive than other fuels, recent trends will mostly likely continue and further reduce the price differential. This is because the fuel inputs to electricity generation will increasingly be coal and nuclear, which are likely to continue to be less expensive than oil and gas. However, this will also depend on future development of interest rates, regulatory procedures and resulting lead times of power plant construction, which will play an major role for the competitivity of electricity.

Table 11

Electricity Demand in the Residential/Commercial Sector

IEA-Country Projections

	Mtoe			Average Annual Growth Rate (%)	
	1980	1990	2000	1980-1990	1990-2000
N. America	126.4	153.9	—	2.0	—
Pacific	20.0	34.0	—	5.4	—
Europe	51.0	77.0	—	4.2	—
IEA	197.4	264.9	—	3.0	—

IEA REFERENCE CASE

	1980	1990	2000	1980-1990	1990-2000
N. America	126.4	154.0	217.0	2.0	3.5
Pacific	20.0	30.0	40.0	4.1	2.9
Europe	61.1	88.0	105.0	3.7	2.9
OECD	207.5	272.0	362.0	2.7	2.9

Electricity Demand in the Industrial Sector

IEA-Country Projections

	Mtoe			Average Annual Growth Rate (%)	
	1980	1990	2000	1980-1990	1990-2000
N. America	81.2	128.1	—	4.6	—
Pacific	31.5	51.0	—	4.9	—
Europe	51.2	74.8	—	3.9	—
IEA	163.9	254.4	—	4.5	—

IEA REFERENCE CASE

	1980	1990	2000	1980-1990	1990-2000
N. America	81.2	117.0	150.0	3.7	2.5
Pacific	31.5	47.0	60.0	4.1	2.5
Europe	62.1	91.0	112.0	3.9	2.1
OECD	174.8	255.0	322.0	3.9	2.4

Annex II

Comparative Cost of Electricity Generation

Under presently prevailing fuel costs the cost of nuclear power generation in OECD countries is significantly lower than than of electricity generation from oil fired plants (in the EEC for example 50-77% less). Compared to coal fired generation the competitive advantage of nuclear varies from country to country. While recent studies * indicate that nuclear has an advantage over fossil stations in total generating costs in European countries in the EEC (for example 20-50% less)and Japan, coal plants are more competitive in western parts of North America and Canada due to relatively low-cost coal resources.

Economic comparison of electricity generation between nuclear and coal is however difficult, because there are wide ranges of cost estimates. Estimated costs of nuclear power plants in particular are subject to large divergencies of opinion, as much within as between countries. This is due to different reactor designs, regulatory requirements and bases used for the calculations. Also, actual generation costs in nuclear and coal power plants are strongly influenced by the site-specific situation in capital investment, lead time, interest rate, fuel price, etc. Cost comparison studies, therefore, have to be treated with care.

Indicative cost estimates made by the IEA-Secretariat for representative oil, nuclear and coal-based power generation in the OECD area are shown in Table 12. In the case of oil, two cases are shown, one for a plant using low sulphur heavy fuel oil without flue gas desulphurisation (FGD) and the other for high sulphur fuel oil plant with FGD. The costs of nuclear is based on an 1100 MW PWR plant. In the case of coal, the costs of generation are estimated separately for the United States, Europe and Japan, in order to compare the effects of

---

* e.g. EEC Document COM(82)36 Final

differences in coal prices. The cost estimates presented here refer only to the cost of electricity at the point of generation in a newly built plant. Therefore, they should not be confused with the cost of currently operating plants which were constructed in the past, nor with the overall cost of supplying electricity to final consumers which includes transmission and distribution costs, certain overhead expenses and the particular design of the electricity tariffs for different classes of consumers. Plants considered were assumed to operate at a 65% capacity factor for 30 years. Regarding the capital investment, accrued interest during construction was added to the initial investment, assuming a 100% external loan at an interest rate of 10% a year. For simplicity, it was also assumed that the borrowing was undertaken at a mid-point of plant construction. Construction lead times were assumed to be 3 years for an oil plant, 4 years for coal and 6 years for nuclear. Capital charges were estimated by using a constant discount rate of 10%. The rate used here was the same as the assumed interest rate, so that utilities can earn just enough money to pay interest and pay back the borrowed money during the plant life of 30 years.

Under presently prevailing high prices of heavy fuel oil, the cost of nuclear power generation (39.0 mills/Kwh) is far lower than that of electricity generation in oil-fired power plants (64.7-67.9 mills/Kwh) as shown in Table 11. A substantial difference can be observed from region to region in the estimated costs of coal-fired power based load generation. Assuming full flue-gas desulphurisation in all areas, production costs in the United States is estimated at 38.2 mills per Kwh as against some 48 mills per Kwh in Europe and Japan. In the United States, the indicative cost of coal power plants with FGD is estimated to be about the same as that of nuclear, whereas in Europe and Japan nuclear is estimated to have economic advantage. Considering the anticipated stability of uranium price, nuclear power generation is expected to keep a competitive edge over coal powered electricity generation in Europe and Japan under the assumed lead time and interest rate.

However, highly capital-intensive projects such as nuclear power plants are financially vulnerable to longer lead times and higher interest rates, as the financial cost snowballs rapidly during construction and the burden of interest payments pushes up the capital charge in each unit of generated electricity. Table 12 shows the effects of higher interest rates (accordingly higher discount rates) and longer lead times on the cost of nuclear power generation. If 15% is assumed as the interest and discount rate, the generation cost of nuclear per Kwh increases to 54.9 mills/Kwh (see Table 11) as against 48.1-59.1 Kwh in the case of coal. Further, if the construction lead time is prolonged to 10 years in an extreme case, the cost of nuclear reaches to 68.0 mills/Kwh (see Table 12)), almost comparable to that of oil plants (71.6-74.1 mills/ Kwh). The lengthening of lead time must be avoided if nuclear power generation is to remain cost-competitive. While economic factors are by no means the sole criteria for nuclear power development, higher costs associated with long lead times could act as additional disincentive.

Table 12

Indicative Cost Estimates for Electricity Generation by Fuel [1]

(in 1981 US mills/Kwh. Capacity factor: 65%)

| | Oil 2 × 600 MW | | Nuclear | Coal with FGD 2 × 600 MW | | |
	Low Sulphur	High Sulphur with FGD	PWR 2 × 1100 MW	US	Europe	Japan
Capital Cost	10.8	12.9	24.8	17.1	17.1	17.8
Operating Cost	2.5	4.2	4.2	5.1	5.1	5.1
Fuel Cost	54.6	47.6	10.0 [2]	16.0	26.0	26.0
Total Cost	67.9	64.7	39.0	38.2	48.2	48.9
Reference:						
Capital Investment ($/Kwh)	577	692	1331	920	920	956
(Initial Investment $/Kwh)	(500)	(600)	(1000)	(760)	(760)	(790)
(Interest during construction $/Kwh)	(77)	(92)	(331)	(160)	(160)	(160)
Construction lead times	3 years	3 years	6 years	4 years	4 years	4 years
Fuel Cost	$33/bbl.	$27/bbl.		$40/t.	$65/t.	$65/t.
($ per toe)	(238)	(194)	(40)	(60)	(100)	(100)
Conversion Efficiency	37%	35%	34%	33%	33%	33%
Heat rate (K cal/Kwh)	2300	2450	2500	2600	2600	2600

1. Estimates of the Secretariat;
2. Nuclear fuel costs include the whole process from mining and milling to high level waste storage.

Table 13

Effects of Generation Costs by Higher Interest and Longer Lead Time

Mills/kwh	Oil		Nuclear		Coal		
	Low Sulphur	High Sulphur	Case A	Case B	US	Europe	Japan
Capital Cost	16.5	19.8	40.7	53.8	27.0	27.0	28.0
Operating Cost	2.5	4.2	4.2	4.2	5.1	5.1	5.1
Fuel Cost	54.6	47.6	10.0	10.0	16.0	26.0	26.0
Total Cost	74.1	71.6	54.9	68.0	48.1	58.1	59.1
Construction Lead Time	3 years	3 years	6 years	10 years	4 years	4 years	4 years
Interest Rate	15%	15%	15%	15%	15%	15%	15%
Capital Investment ($/kw)	617	740	1521	2011	1005	1005	1045

PERSPECTIVES DE L'ÉNERGIE NUCLÉAIRE

JUSQU'EN

2000

Un rapport commun des
Secrétariats de l'Agence de l'OCDE pour l'Energie Nucléaire
et de l'Agence Internationale de l'Energie

AGENCE INTERNATIONALE DE L'ENERGIE / AGENCE POUR L'ENERGIE NUCLEAIRE

ORGANISATION DE COOPERATION ET DE DEVELOPPEMENT ECONOMIQUES

L'Agence Internationale de l'Énergie (AIE) est un organe autonome institué en novembre 1974 dans le cadre de l'Organisation de Coopération et de Développement Économiques (OCDE) afin de définir une politique internationale de l'énergie.

Elle met en œuvre un programme général de coopération à long terme entre vingt-et-un* des vingt-quatre pays Membres de l'OCDE. Les objectifs fondamentaux de l'AIE sont les suivants :

i) réaliser une coopération entre les pays participants de l'AIE, en vue de réduire leur dépendance excessive à l'égard du pétrole grâce à des économies d'énergie, le développement de sources d'énergie de remplacement, ainsi que la recherche et le développement dans le domaien de l'énergie ;

ii) l'établissement d'un système d'information sur le marché international du pétrole, ainsi que des consultations avec les compagnies pétrolières ;

iii) une coopération avec les pays producteurs de pétrole et les autres pays consommateurs de pétrole en vue de développer un commerce international stable de l'énergie et de réaliser une gestion et une utilisation rationnelle des ressources énergétiques dans le monde, dans l'intérêt de tous les pays ;

iv) l'élaboration d'un plan destiné à préparer les pays participants à l'éventualité d'un bouleversement important des approvisionnements pétroliers et de partager le pétrole disponible en cas de crise.

* *Pays Membres de l'AIE : Allemagne, Australie, Autriche, Belgique, Canada, Danemark, Espagne, États-Unis, Grèce, Irlande, Italie, Japon, Luxembourg, Norvège, Nouvelle-Zélande, Pays-Bas, Portugal, Royaume-Uni, Suède, Suisse et Turquie.*

L'Agence de l'OCDE pour l'Énergie Nucléaire (AEN) a été créée le 20 avril 1972, en remplacement de l'Agence Européenne pour l'Énergie Nucléaire de l'OCDE (ENEA) lors de l'adhésion du Japon à titre de Membre de plein exercice.

L'AEN groupe désormais tous les pays Membres européens de l'OCDE ainsi que l'Australie, le Canada, les États-Unis et le Japon. La Commission des Communautés Européennes participe à ses travaux.

L'AEN a pour principaux objectifs de promouvoir, entre les gouvernements qui en sont Membres, la coopération dans le domaine de la sécurité et de la réglementation nucléaires, ainsi que l'évaluation de la contribution de l'énergie nucléaire au progrès économique.

Pour atteindre ces objectifs, l'AEN :

— *encourage l'harmonisation des politiques et pratiques réglementaires dans le domaine nucléaire, en ce qui concerne notamment la sûreté des installations nucléaires, la protection de l'homme contre les radiations ionisantes et la préservation de l'environnement, la gestion des déchets radioactifs, ainsi que la responsabilité civile et les assurances en matière nucléaire ;*

— *examine régulièrement les aspects économiques et techniques de la croissance de l'énergie nucléaire et du cycle du combustible nucléaire, et évalue la demande et les capacités disponibles pour les différentes phases du cycle du combustible nucléaire, ainsi que le rôle que l'énergie nucléaire jouera dans l'avenir pour satisfaire la demande énergétique totale ;*

— *développe les échanges d'informations scientifiques et techniques concernant l'énergie nucléaire, notamment par l'intermédiaire de services communs ;*

— *met sur pied des programmes internationaux de recherche et développement, ainsi que des activités organisées et gérées en commun par les pays de l'OCDE.*

Pour ces activités, ainsi que pour d'autres travaux connexes, l'AEN collabore étroitement avec l'Agence Internationale de l'Énergie Atomique de Vienne, avec laquelle elle a conclu un Accord de coopération, ainsi qu'avec d'autres organisations internationales opérant dans le domaine nucléaire.

TABLE DES MATIERES

RÉSUMÉ ET CONCLUSIONS

La capacité nucléaire installée dans les pays de l'OCDE est passée de 17 GWe environ en 1970 à plus de 130 GWe à la fin de 1981. C'est là un résultat important, qui correspond à un accroissement de la part du nucléaire dans la production d'électricité d'un peu plus d'1 % à 12 % environ, mais c'est moins de la moitié de la capacité installée que les responsables de la planification énergétique prévoyaient il y a dix ans. La croissance plus lente de la demande d'énergie ne peut rendre compte que d'une partie de cette réduction. Les conséquences de l'embargo pétrolier de l'OPEP en 1973-74 et des deux perturbations ultérieures des approvisionnements en pétrole du Golfe Persique ont stimulé l'intérêt du public et des gouvernements pour une réduction de la consommation de pétrole grâce à des économies d'énergie et pour une mise en valeur et une utilisation plus étendue d'autres sources d'énergie. En dépit de ces facteurs, les perspectives de développement de l'énergie nucléaire au cours des 20 prochaines années demeurent extrêmement incertaines et, en l'absence de nouvelles actions des pouvoirs publics, pourraient continuer à se dégrader sensiblement, ce qui aurait pour effet d'accroître les pressions sur les autres sources d'énergie, et en particulier sur les importations de pétrole.

Les pays de l'OCDE prévoient désormais une capacité nucléaire totale de l'ordre de 216 GWe en 1985 et de 316 GWe en 1990. Pour l'an 2000, les estimations figurant dans le présent rapport se situent entre 390 et 500 GWe. Ce large intervalle reflète la grande incertitude sur la capacité nucléaire qui pourrait exister à la fin du siècle. En raison des délais nécessaires, l'ordre de grandeur de la capacité nucléaire qui sera vraisemblablement installée en 1990 est déjà en grande partie déterminé, sous réserve de retards de construction et d'obtention d'autorisation ou de modifications des politiques nationales. A moins que le rythme d'installation et d'autorisation des réacteurs nucléaires ne s'améliore à court terme, il est peu probable que les estimations nationales de la capacité nucléaire installée en 1990 se vérifient et la capacité atteinte en l'an 2000 se situera selon toute vraisemblance vers la limite inférieure de l'intervalle. Cet état de fait aura de graves répercussions sur la situation énergétique d'ensemble des pays de l'OCDE, surtout dans les années 90.

Le principal facteur qui régira l'expansion de l'énergie nucléaire à l'avenir est la demande d'électricité. Celle-ci s'est fortement ralentie depuis 1973, en raison de l'augmentation des prix de l'énergie, d'une part, et des deux récessions qui ont réduit les besoins de capacités nouvelles de tous types, d'autre part. On s'attend toutefois à ce que la demande d'électricité continue à croître plus vite que la demande totale d'énergie, et même un peu plus rapidement que le Produit Intérieur Brut (PIB). Alors que les pays de l'OCDE prévoient à présent des augmentations moyennes annuelles de la demande d'électricité de l'ordre de 3,6 % dans la période 1980-1990 (soit la moitié environ des taux qui ont prévalu de 1960 à 1973), les trois scénarios énergétiques exposés dans le présent rapport ne prévoient qu'un rythme d'accroissement de 2 à 3 % dans la première partie des années 80, reflétant le manque persistant de dynamisme de l'activité économique. Tous les scénarios prévoient en revanche une croissance annuelle de la demande d'électricité de 3 à 4 % dans la période de 1990 à 2000. On prévoit que l'électricité se substituera au pétrole dans l'industrie et dans le secteur résidentiel et tertiaire et que sa part dans la consommation finale totale d'énergie passera ainsi de 14 % en 1980 à 18 % en 1990.

La demande d'électricité à l'avenir (qui sera influencée non seulement par la reprise de la croissance économique et l'extension de l'électrification, mais également par l'amélioration du rendement d'utilisation de l'énergie) et le remplacement accéléré des centrales électriques existantes alimentées au fuel exigeront un accroissement de la capacité nucléaire et charbonnière. La part de l'électricité produite à partir de pétrole pourrait passer de 15 % environ à un peu plus de 2 % d'ici à l'an 2000, tandis que la part du nucléaire pourrait passer de 12 % environ à près de 30 %. Une telle évolution, qui suppose que la production d'électricité à partir de pétrole atteindrait d'ici à l'an 2000 le minimum techniquement réalisable, réduirait les pressions sur les approvisionnements en pétrole et sur les prix du pétrole à l'avenir. Si on ne parvenait pas à accroître la contribution de l'énergie nucléaire, surtout dans les années 90, les autres parties du système énergétique des pays de l'OCDE seraient soumises à de plus fortes pressions et les risques de perte de souplesse du marché pétrolier augmenteraient. Les scénarios exposés dans le présent rapport correspondent déjà à des taux élevés de croissance de la productivité énergétique (1,4 % par an, de

1980 à 2000) et à un programme très ambitieux de production d'électricité à partir du charbon (la puissance actuelle de 410 GW devrait pratiquement doubler d'ici à l'an 2000). Il y a donc un risque qu'une pénurie d'énergie nucléaire doive être compensée au moins en partie par une plus forte consommation de pétrole ou de gaz utilisé ou non sous forme d'électricité, ou entraîne une réduction de l'offre d'énergie et de la croissance économique. Chacune de ces deux situations possibles aurait des répercussions néfastes sur les économies des pays de l'OCDE et compromettrait donc les efforts que déploient ces pays pour réduire leur dépendance vis-à-vis du pétrole en modifiant les parts relatives des différentes formes d'énergie dans la production d'électricité et en développant l'utilisation de l'électricité en vue d'obtenir un système énergétique mieux équilibré.

Le niveau de ressources en uranium, le niveau des capacités d'enrichissement et de fabrication de combustible et la capacité des entreprises de fabrication et de construction de réacteurs sont plus que suffisants pour répondre aux besoins pendant une longue période. Aucune raison d'ordre technique ne s'oppose en fait à ce que l'énergie nucléaire puisse connaître une expansion beaucoup plus rapide que celle qui est actuellement prévue, si les paramètres nécessaires sont établis par une reprise de la croissance économique, la poursuite de l'électrification et l'introduction du nucléaire dans d'autres secteurs d'utilisation que l'électricité (comme la chaleur industrielle). La stagnation persistante de la plupart des programmes nucléaires nationaux pourrait toutefois mettre en péril la viabilité de l'industrie nucléaire et limiter de ce fait la capacité de celle-ci à répondre aux besoins futurs. Etant donné les longs délais qui s'écoulent entre le début de la prospection et la mise en production d'un gisement d'uranium nouvellement découvert (actuellement de l'ordre de 15 ans), des fluctuations dans les estimations de la demande peuvent entraîner une certaine instabilité du secteur de l'offre d'uranium, pouvant elle-même se traduire par des difficultés d'approvisionnement.

Des raisons économiques plaident dans la plupart des pays Membres de l'OCDE en faveur du choix du nucléaire lorsque l'on installe de nouvelles capacités de production d'électricité destinées à fonctionner en base. L'énergie nucléaire est invariablement beaucoup moins coûteuse que le pétrole et est souvent bien meilleur marché que le charbon en tant que moyen de produire de l'électricité. L'analyse de la sûreté et les effets sur l'environnement donnent en général l'avantage, malgré l'incertitude qui les entoure, aux centrales nu-cléaires et au cycle du combustible qui leur est associé sur les centrales qui utilisent des combustibles fossiles.

En dépit de tous les arguments techniques et économiques, le manque visible d'acceptation de la part du public apparaît souvent comme la principale contrainte qui pèse sur le développement à court terme de l'énergie nucléaire. On observe toutefois de grandes différences entre les pays tant dans la forme qu'a prise l'opposition du public que dans le degré auquel cette opposition a influé sur les projets nucléaires. La confiance du public est influencée surtout par les problèmes de sûreté des réacteurs et de gestion du combustible irradié et des déchets de haute activité. En particulier, l'énergie nucléaire fait souvent naître dans le public la crainte d'accidents entraînant l'émission de quantités importantes de radiations. Le fait que les experts attribuent à de tels accidents une probabilité extrêmement faible, compte tenu du haut niveau de sûreté inhérent à la conception des réacteurs, et que les effets de la plupart des accidents sur l'environne-ment seraient vraisemblablement faibles est souvent insuffisant pour apaiser ce genre de craintes. Pour calmer ces inquiétudes, il convient de poursuivre les efforts visant à assurer un fonctionnement sûr des réacteurs existants et prévus et à réduire les risques d'incidents éventuels. De même, bien qu'il n'y ait aucune urgence du point de vue technique ou économique, les gouvernements des pays Membres devraient faire rapidement la démonstration que l'on dispose de techniques satisfaisantes pour l'évacuation des déchets de haute activité, et les solutions retenues devraient bénéficier dans la plus large mesure d'une coopération internationale appropriée en vue d'apaiser les préoccupations du public et des milieux politiques au sujet de la gestion des déchets radioactifs.

La confiance que les responsables de la planification des compagnies d'électricité portent à l'énergie nucléaire s'est érodée dans quelques pays de l'OCDE, comme le montrent le nombre croissant d'annulations de projets de centrales nucléaires et l'adoption de plus en plus fréquente d'une attitude d'attentisme. En plus des incertitudes qui entourent les niveaux futurs de la demande d'électricité, les taux d'intérêt élevés, les risques de responsabilité financière plus élevés que ceux associés à d'autres modes de production d'électricité et la complexité croissante des procédures réglementaires relatives à la construction et à l'exploitation des centrales nucléaires sont autant de facteurs importants qui augmentent les coûts totaux. Le délai total qui s'écoule avant qu'une centrale nucléaire puisse fonctionner à pleine puissance est à présent de 7 à 9 ans en moyenne (y compris les étapes préalables à la construction), contre 5 ans seulement au début des années 70. Aux Etats-Unis, les délais sont à présent de 11 ans en moyenne et atteignent dans certains cas plus de 15 ans. Dans ce pays, les réglementations relatives aux tarifs de l'électricité dans les différents Etats compliquent encore le problème, car elles ont pour effet que les augmentations de recettes des compagnies d'électricité interviennent plus tard que les augmentations des coûts. Dans les pays où les procédures d'autorisation et de réglementation n'ont en pratique pas de durée bien définie, il faudrait prendre des mesures en vue de limiter les délais et de réduire l'incertitude de ces procédures. Il convient en même temps de maintenir les normes de sûreté et de raffermir la confiance du public. Certains pays ont déjà procédé à une telle rationalisation des procédures d'autorisation et de réglementation et en ont retiré des avantages économiques sans que les normes strictes de sûreté ne se relâchent. Parce qu'elle permet de rétablir la confiance des compagnies d'électricité, l'élimination des incertitudes touchant à la réglementation est essentielle pour la mise en oeuvre de l'énergie nucléaire à l'avenir.

I. INTRODUCTION

Ce rapport décrit les perspectives et les tendances d'utilisation d'électricité dans les pays de l'OCDE, qui est le principal paramètre dont dépend le développement de l'énergie nucléaire; il aborde notamment la question du remplacement du pétrole et des parts relatives des différentes sources de production d'électricité à l'avenir et donne une évaluation très récente de l'expansion de l'énergie nucléaire jusqu'en l'an 2000*; il traite également de l'offre et de la demande pour l'ensemble du cycle du combustible, et évalue l'incidence de la contribution du nucléaire sur la situation énergétique globale selon trois scénarios en matière d'énergie ainsi que les conséquences d'une éventuelle pénurie d'énergie nucléaire. Enfin, il passe en revue d'autres facteurs qui influent sur l'expansion de l'énergie nucléaire, comme la sécurité d'approvisionnement, les caractéristiques économiques de la production d'électricité d'origine nucléaire ainsi que la confiance du public et des compagnies d'électricité en l'énergie nucléaire.

---

* La diversité des évaluations figurant dans ce rapport pour l'an 2000 reflète des différences dans certaines hypothèses de base.

II. DEMANDE D'ELECTRICITE ET REMPLACEMENT DU PETROLE

1. Demande passée d'électricité

Les retards dans le développement de l'énergie nucléaire s'expliquent en grande partie, mais pas uniquement, loin s'en faut, par la baisse de la demande d'électricité consécutive à la crise énergétique de 1973-1974. Cette crise a été suivie par une période au cours de laquelle la croissance de la demande d'électricité est restée médiocre à cause de la hausse des prix de l'énergie, d'une part, et en raison du caractère durable de la récession économique mondiale, de l'autre. Le ralentissement de la croissance de la demande d'électricité dans la plupart des pays de l'OCDE a réduit les besoins de nouvelles capacités, quelle que soit la source d'énergie utilisée.

De 1960 à 1973, la demande totale d'électricité avait augmenté à un rythme assez constant de plus de 7 % par an. Après 1973, ce taux de croissance a été réduit de plus de moitié, et s'est trouvé ramené à 3,2 %. Dans la plupart des pays, la lenteur de la reprise a amené à réviser en baisse les prévisions relatives à cette demande, ce qui a obligé à modifier profondément l'ampleur et le calendrier des programmes de construction aussi bien des centrales classiques que des centrales nucléaires. L'hypothèse de base des *Perspectives énergétiques de l'OCDE jusqu'en 1985*, publiées en 1973, supposait un rythme d'accroissement de la demande d'électricité de 7,2 % par an entre 1972 et 1985. En 1977, les *Perspectives énergétiques mondiales* (PEM) adoptaient comme scénario de référence une progression annuelle de 5,6 % jusqu'au milieu des années 80. Les pays de l'OCDE prévoient maintenant un taux de croissance annuel de 3,6 % en moyenne pour la période 1980-1985 et de 3,5 % de 1985 à 1990. La réalisation de ces prévisions (qui sont supérieures à celles des scénarios énergétiques exposés dans le présent rapport) est étroitement liée au rythme et à l'ampleur de la reprise économique ainsi qu'à son incidence sur la demande d'électricité dans l'industrie. Par exemple, si on compare les périodes 1975-1979 et 1974-1980, abstraction faite des deux années de récession, on observe que le rythme de croissance annuel est passé de 3,2 % à 4,5 %.

Tableau 1

Demande passée d'électricité par secteurs d'utilisation
(Taux de croissance annuel, en pourcentage)

	1960-1973	1974-1980	1975-1979
Industrie	6,3	2,4	5,0
Secteur résidentiel et tertiaire	9,0	4,1	4,3
Transports	3,5	1,7	2,4
TOTAL	7,5	3,2	4,5

La demande d'électricité a toujours augmenté plus rapidement que les besoins totaux en énergie. Pendant la période 1960-1973, par exemple, alors que la progression annuelle de la demande d'électricité des pays de l'OCDE était de l'ordre de 7 %, la demande totale d'énergie primaire a connu une croissance d'environ 5 % annuellement. Pendant la période 1973-1979, la demande totale d'énergie primaire n'a progressé que de 1,5 % par an, tandis que le taux de croissance de la production d'électricité atteignait plus du double (3,2 % par an). Même au cours de la période 1979-1980, pendant laquelle la demande totale d'énergie primaire a baissé de 3 %, la production d'électricité a stagné. Ainsi, la part de l'électricité dans la consommation finale d'énergie (CFE) est passée de 12 % environ en 1973 à 14 % en 1980.

2. Estimations de la croissance de la demande d'électricité

On s'attend à ce que la demande d'électricité de la zone de l'OCDE dans son ensemble croisse, comme par le passé, beaucoup plus vite que la demande d'énergie et un peu plus rapidement que le PIB, mais on prévoit parfois des différences appréciables d'un pays à un autre dans les rythmes de croissance du PIB et de la demande d'électricité. Le Tableau 2 contient le détail des prévisions pour la zone de l'OCDE jusqu'en l'an 2000 et montre que les perspectives de croissance de l'électricité sont loin d'être négligeables.

Tableau 2
Production totale d'électricité
(Mtep)*

SCENARIO DE REFERENCE DE L'AIE [1]

| | 1980 | 1990 | 2000 | Croissance annuelle moyenne (en %) | | | |
				1960-73	1973-80	1980-90	1990-2000
Amérique du Nord	245,2	303	413	6,5	2,1	2,1	3,1
Pacifique	59,8	86	112	8,7	3,2	3,7	2,7
Europe	149,8	208	257	6,1	3,0	3,3	2,1
OCDE	454,8	597	782	7,0	2,9	2,8	2,8

PEM - HYPOTHESE HAUTE [2]

	1980	1990	2000	1960-73	1973-80	1980-90	1990-2000
Amérique du Nord	245,2	280	408	6,5	2,7	1,3	3,8
Pacifique	59,8	89	126	8,7	3,2	4,1	3,5
Europe	149,8	210	329	6,1	3,0	3,4	4,6
OCDE	454,8	579	862	7,0	2,9	2,4	4,1

PEM - HYPOTHESE BASSE [2]

	1980	1990	2000	1960-73	1973-80	1980-90	1990-2000
Amérique du Nord	245,2	269	361	6,5	2,7	1,9	3,0
Pacifique	59,8	84	106	8,7	3,2	3,5	2,4
Europe	149,8	200	287	6,1	3,0	2,9	3,7
OCDE	454,8	552	754	7,0	2,9	2,0	3,2

1. Le scénario de référence de l'AIE suppose une faible consommation de pétrole. Il a été établi à la mi-1980 à partir des bilans énergétiques des différents pays de l'OCDE. Les hypothèses de base sont expliquées au chapitre V.

2. Pour évaluer la demande d'énergie à l'avenir dans la zone de l'OCDE, on a défini dans la nouvelle édition des Perspectives Energétiques Mondiales deux modèles de base de la demande d'énergie, à savoir un scénario à prix du pétrole constant et à croissance forte (PEM-hypothèse haute) et un scénario à prix du pétrole en hausse et à croissance faible (PEM-hypothèse basse). Les hypothèses de base sont expliquées au chapitre V.

* Millions de tonnes d'équivalent - pétrole.

Dans tous les scénarios, pour la période 1990-2000, la progression annuelle de l'électricité se situe entre 3 % et 4 %. A court terme (1980-1990), le manque de dynamisme de l'activité économique ne devrait permettre que des augmentations sensiblement moins fortes de l'utilisation d'électricité, qui devrait tout de même connaître une progression de l'ordre de 2 % à 3 % par an. Par conséquent, la part de l'électricité dans la consommation finale d'énergie (CFE) continuera de s'accroître, passant d'ici à 1990 de 14,6 % à 17 % d'après le scénario de référence, et à 19 % d'après le scénario des Perspectives Energétiques Mondiales. En l'an 2000, elle atteindrait presque 20 % (scénario de référence) ou même 23 % (Perspectives Energétiques Mondiales). Toutefois, la part prévue de l'électricité dans la CFE sera très différente d'un pays à l'autre et en 1990, par exemple, elle pourrait n'être que de 9 % aux Pays-Bas contre près de 45 % en Norvège. Cette évolution peut en partie s'expliquer par les différences qui existent entre les sources d'approvisionnement en énergie de chaque pays (par exemple gaz naturel et hydro-électricité).

On s'attend à ce que la demande sectorielle d'électricité n'évolue pas au cours de la prochaine décennie de la même manière que dans le passé (voir l'Annexe I). On prévoit que, de 1980 à 1990, la croissance de la demande dans l'industrie sera comprise entre 4 % et 5 %, alors qu'elle ne sera que de l'ordre de 3 % dans le secteur résidentiel et tertiaire. Dans les deux secteurs, cette croissance sera encouragée par l'acroissement de compétitivité de l'électricité par rapport aux autres sources d'énergie.

Tableau 3
Part de l'électricité dans la consommation finale d'énergie
(%)

	1980	1990			2000		
		Scénario de référence	PEM		Scénario de référence	PEM	
			Hyp. Haute	Hyp. basse		Hyp. Haute	Hyp. basse
Amérique du Nord	14,3	17,3	18,0	18,0	21,1	21,9	21,9
Pacifique	16,0	17,9	21,9	21,9	17,5	23,3	23,1
Europe	14,0	16,5	19,5	19,5	18,0	24,2	24,2
OCDE	14,6	17,0	19,0	19,0	19,4	22,9	22,9

Comme le montrent les Figures 1 et 2, les prix de l'électricité pour les utilisateurs finals ont augmenté depuis 1973 à un rythme beaucoup plus lent que les prix des autres formes d'énergie. L'électricité demeure plus coûteuse, mais l'évolution récente se poursuivra probablement et

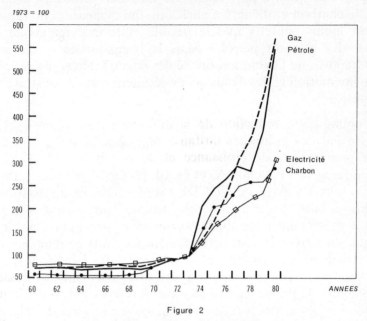

Figure 1

PRIX DE L'ENERGIE DESTINEE A L'INDUSTRIE DANS CERTAINS PAYS DE L'OCDE*

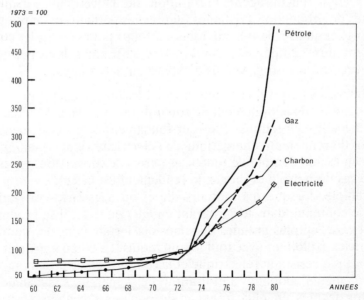

Figure 2

PRIX DE L'ENERGIE DESTINEE AU SECTEUR RESIDENTIEL ET COMMERCIAL DANS CERTAINS PAYS DE L'OCDE*

* Les indices des prix de l'énergie se réfèrent aux prix moyens pondérés aux Etats-Unis, au Royaume-Uni, au Japon, en Allemagne, au Canada et en Italie.

l'écart par rapport aux autres formes d'énergie se réduira encore. Ceci est dû au fait qu'une part croissante de l'électricité sera produite à partir de charbon et d'énergie nucléaire, qui demeureront vraisemblablement moins coûteux que le pétrole et le gaz, malgré la baisse actuelle des prix du pétrole. Mais la compétitivité de l'électricité dépendra aussi de l'évolution future des taux d'intérêt, des procédures de réglementation et des délais qui en résultent pour la construction des centrales.

Comme cette réduction de la différence de prix est également favorisée par des politiques tarifaires appropriées, il y a tout lieu de penser que le taux de croissance et de pénétration de l'électricité demeurera élevé à l'avenir. A cet égard, les tarifs électriques qui, dans presque tous les pays de l'OCDE, sont soumis à un contrôle des pouvoirs publics, joueront un rôle décisif. Toutefois, il y a parfois conflit d'intérêts entre les objectifs poursuivis, puisqu'on voudrait, à la fois, que les tarifs reflètent correctement les coûts de remplacement à long terme, qu'ils assurent aux compagnies des bénéfices suffisants pour leur permettre de financer les investissements nécessaires à l'extension de la puissance installée ou au remplacement des centrales au fuel, et qu'ils ne découragent pas un usage rationnel de l'électricité. Du point de vue de la politique énergétique globale, il faudrait que les tarifs retenus encouragent l'utilisation de l'électricité lorsque les capacités de production existantes ou prévues permettent de remplacer le pétrole, et qu'ils soient néanmoins suffisants pour couvrir les coûts et procurent aux compagnies des recettes suffisantes leur permettant d'entreprendre les programmes d'expansion nécessaires.

Malgré les pertes thermiques inévitables qu'entraîne la production d'électricité, le développement de son utilisation ne va pas à l'encontre du rendement énergétique. L'erreur fondamentale généralement faite à propos du rendement énergétique de l'électricité vient du fait qu'il est calculé en tenant compte de toutes les pertes de conversion, tandis que dans le cas du pétrole et du gaz le rendement est calculé avant pertes. Par exemple, lorsque les moteurs diésel ou à essence convertissent l'énergie contenue dans le carburant en énergie utile, il se produit des pertes beaucoup plus grandes que dans des installations de production d'électricité exploitées avec tout le soin requis. La comparaison entre le chauffage par résistance électrique et la combustion directe montre que les rendements globaux d'utilisation de l'énergie sont analogues. L'emploi de plus en plus fréquent de pompes à chaleur électriques évoluées permet un gain supplémentaire de rendement de l'ordre de 60 à 70 %.

Comme il est prévisible que l'utilisation de l'électricité croîtra plus vite que l'emploi d'autres formes d'énergie et que la plupart des pays de l'OCDE réduiront, pour une part importante de leur production d'électricité, leur dépendance vis à vis de cette source d'énergie coûteuse et peu sûre qu'est le pétrole, on pourrait s'attendre à ce que l'électronucléaire connaisse une croissance plus rigide que l'électricité dans son ensemble. Cela se ferait en remplaçant le pétrole pour la production d'électricité et en assurant l'expansion de la consommation de base.

3. Remplacement du pétrole pour la production d'électricité

La production d'électricité est le secteur qui offre le plus de possibilités de remplacement du pétrole à moyen terme. Le pétrole sert actuellement à produire 16,0 % de l'électricité dans la zone de l'OCDE, et ce chiffre pourrait descendre en dessous de 5 %, voire même à 2,4 % d'ici à l'an 2000 (voir le chapitre V).

Les perspectives de remplacement du pétrole varient d'un pays à un autre. Cela tient non seulement à la situation au départ défavorable dans laquelle se trouvent certains d'entre eux, mais encore au fait que les politiques de remplacement du pétrole par d'autres sources d'énergie n'ont rencontré qu'un succès limité dans un certain nombre de pays. Les pays où la part du pétrole dans la production d'électricité était la plus élevée en 1980 sont l'Italie (55 %), l'Irlande (53 %), le Japon et le Portugal (41 %), les Pays-Bas (37 %), la Grèce (36 %), l'Espagne (34 %), la Belgique (30 %), la Turquie (26 %), la France (19 %) et le Danemark (18 %).

D'ici à 1990, le Japon devrait avoir réduit de moitié la part du pétrole dans sa production d'électricité, tandis que l'Italie et l'Irlande prévoient de ramener celle-ci à 34 % et de 17 % respectivement.

Les possibilités qui s'offrent pour réduire la consommation de pétrole des compagnies d'électricité sont les suivantes :

— accélérer la construction de nouvelles centrales électriques utilisant des sources d'énergie autres que le pétrole et interdire la construction de centrales au fuel ;

— reconvertir au charbon les centrales au fuel existantes ou les remplacer par des centrales utilisant le charbon, l'énergie nucléaire ou d'autres formes d'énergie ;

— réduire les besoins de nouvelles capacités, grâce à des économies d'énergie et à une meilleure gestion des fluctuations de la puissance appelée.

Les pays de l'OCDE ont décidé qu'aucune autorisation de construire de nouvelles centrales au fuel ne serait délivrée, sauf dans des circonstances particulières, quand il n'y a en pratique pas d'autre solution possible. La plupart des pays ont maintenant pour politique d'interdire la construction de nouvelles centrales au fuel et certains (comme l'Allemagne) interdisent même la construction de nouvelles centrales au gaz. Toutefois, quelques pays (comme le Royaume-Uni) entreprennent la construction de nouvelles centrales au fuel. En outre, même là où il est interdit de construire de nouvelles centrales au fuel, il existe des clauses d'exception ; il se pourrait bien d'ailleurs qu'on soit amené à les invoquer plus souvent en raison du piétinement des programmes de construction de centrales nucléaires et au charbon.

La solution qui consiste à reconvertir ou à remplacer les centrales électriques existantes alimentées au fuel a été mise en oeuvre de façon plus ou moins vigoureuse dans divers pays de l'OCDE, en fonction de différences de perception des avantages et des possibilités techniques de brûler du charbon dans des installations qui utilisent actuellement du pétrole. En Allemagne, la reconversion n'est pas considérée comme une solution économique, en raison de l'âge de la plupart des centrales électriques conçues pour consommer uniquement du pétrole. Des installations bicombustible ou tricombustible plus récentes ont été reconverties au charbon sans difficulté, et les installations anciennes ne fonctionnent en général que pour assurer la demande de pointe. Dans d'autres pays, comme l'Espagne, la reconversion n'a pas encore débuté, ou se trouve au stade de projet (par exemple au Pays-Bas). La reconversion se poursuit activement en Italie et au Japon, et s'est achevée avec succès au Danemark.

La reconversion ou le remplacement devient intéressant lorsque le coût du combustible d'une centrale existante au fuel dépasse à lui seul les coûts de construction, d'approvisionnement en combustible et d'exploitation d'une nouvelle centrale nucléaire ou au charbon ou les coûts de transformation, d'approvisionnement en combustible et d'exploitation d'une centrale existante pouvant fonctionner au charbon. Aux Etats-Unis, la comparaison des coûts de la production d'électricité par une centrale thermique existante au fuel et des coûts de la construction et de l'exploitation d'une nouvelle centrale au charbon, par exemple, montre qu'aux prix du pétrole de la mi-1980, il était rentable de mettre hors service une centrale au fuel toute neuve et de la remplacer par une centrale au charbon.* Le remplacement de centrales anciennes au fuel par des centrales nucléaires ou au charbon ou la reconversion au charbon de centrales existantes présente généralement des avantages économiques encore plus grands et constitue les solutions qu'adopteraient vraisemblablement les compagnies d'électricité lorsqu'il y a lieu de construire de nouvelles capacités de production ne faisant pas appel au pétrole ou au gaz. On trouvera à l'Annexe I plus de détails sur les coûts comparés de la production d'électricité à partir de différentes sources d'énergie.

Les programmes d'économies d'énergie et de gestion de la puissance appelée offrent également des possibilités de remplacement du pétrole, car ils permettent à des capacités de production actuellement prévues, qui auraient sinon été nécessaires pour répondre à l'augmentation de la demande d'électricité, de se substituer à des centrales au fuel existantes. Toutefois, si la construction de centrales nouvelles n'est pas activement poursuivie, les économies d'énergie pourraient paradoxalement avoir pour résultat d'accroître la consommation de pétrole. En effet, devant un ralentissement de la consommation d'électricité, les compagnies ajourneraient peut-être la construction de nouvelles installations nucléaires et au charbon et continueraient à exploiter des centrales au fuel afin de répondre à la demande de base, consommant ainsi davantage de pétrole - d'où un coût plus élevé - que si elles avaient réalisé les constructions prévues.

Quelque incidence que puissent avoir des facteurs tels que la puissance à fournir, les prix du pétrole, l'âge des centrales au fuel et les considérations d'ordre écologique sur les décisions des compagnies lorsqu'il s'agit de reconvertir des centrales au fuel, l'action des pouvoirs publics peut avoir un rôle prépondérant et parfois même décisif. Si la plupart des pays interdisent la construction de nouvelles centrales au fuel, aucun d'entre eux, par contre, ne dispose de réglements qui obligent les compagnies à transformer leurs centrales au fuel en centrales au charbon et en centrales nucléaires et quelques pays seulement (l'Espagne, l'Italie, le Japon et la Suède) encouragent concrètement la reconversion des centrales électriques au fuel.

---

* EPRI, Overview and Strategy Program, 1982-1986, Palo Alto, novembre 1981.

III. ESTIMATIONS RELATIVES A L'EXPANSION DE L'ENERGIE NUCLEAIRE

La capacité nucléaire installée dans les pays de l'OCDE est passée d'un peu plus de 17 GWe en 1970 à plus de 130 GWe en 1981. La part du nucléaire dans la production d'électricité est ainsi passée d'un peu plus de 1 % à 12 % environ au cours de cette période. Ce résultat est considérable, néanmoins la capacité atteinte est inférieure à la moitié de celle qui était prévue par les études réalisées au début des années 1970.

La Figure 3 montre de quelle manière les prévisions de capacité installée dans la zone de l'OCDE ont évolué au cours des dix dernières années, d'après les indications données tous les deux ans environ par le rapport de l'AEN intitulé « *Uranium - ressources, production et demande* » (généralement désigné sous le nom de « Livre rouge ») dont la plus récente édition a été publiée en février 1982.* Les chiffres concernant le court terme (1975 et 1980) ont été régulièrement révisés en baisse, tandis que les prévisions relatives à 1985 et à 1990 ont connu un recul beaucoup plus marqué. En dépit de la crise pétrolière de 1973 et bien qu'un certain nombre de pays aient alors décidé de se tourner vers d'autres sources d'énergie, le recul des prévisions relatives à la capacité installée s'est en fait accéléré, de sorte que les prévisions présentées dans l'édition de 1973 du rapport ont été à peu près réduites de moitié en 1977.

La récente réunion de travail à haut niveau sur les perspectives de l'énergie nucléaire** avait pour objet de procéder à une évaluation critique de l'expansion de l'énergie nucléaire, en mettant l'accent sur la période qui s'étend jusqu'à l'an 2000. Pour servir de point de départ aux échanges de vues, un scénario de base a été calculé par le Secrétariat de l'AEN pour cette période. Cette évaluation repose essentiellement sur les données qui figuraient dans les réponses au

---

* L'Uranium - ressources, production et demande, février 1982, OCDE, Paris.
** 11-12 février 1982, Paris.

Figure 3

EVOLUTION DES PROJECTIONS RELATIVES A LA CAPACITE NUCLEAIRE INSTALLEE POUR LA ZONE DE L'OCDE

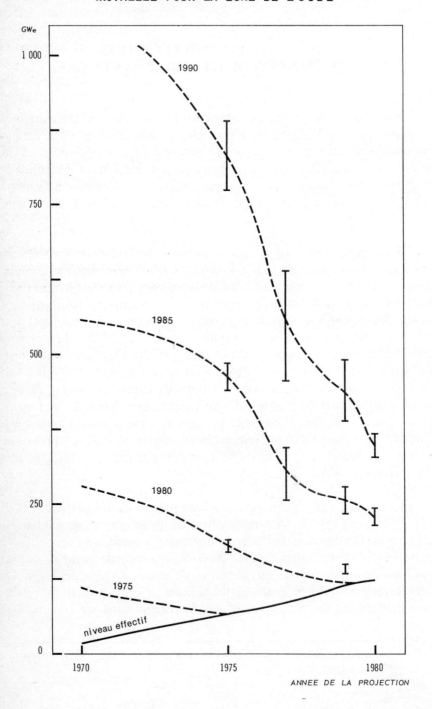

ANNEE DE LA PROJECTION

questionnaire destiné à l'établissement du nouveau rapport intitulé « *L'Energie nucléaire et son cycle du combustible : Perspectives jusqu'en 2025* »* et qui ont été révisées en fonction de données récentes communiquées au Secrétariat de l'AEN ou au Groupe permanent de l'AIE sur la coopération à long terme (Groupe GLT). Lorsque les pays n'ont pas fourni de données officielles jusqu'en l'an 2000, on a procédé aux extrapolations nécessaires. L'évaluation obtenue correspond à une capacité installée de 325 GWe en 1990 et de 513 GWe en l'an 2000.

On s'est accordé à penser, à la réunion de travail, qu'une capacité installée de l'ordre de 500 GWe en l'an 2000 correspondait à un scénario de base raisonnable.** Les délégués ont parallèlement considéré qu'il serait prudent que les responsables de la planification énergétique utilisent une estimation plus basse (de l'ordre de 450 GWe). Une évaluation indépendante des données faite par l'AIE a abouti à une fourchette sensiblement plus large, allant de 390 à 504 GWe à la fin du siècle, tandis que l'on utilise une valeur de 460 GWe pour l'an 2000 dans le scénario de référence de l'AIE. Les différentes évaluations sont présentées sur le Tableau 4.

A la fin de 1981, une capacité de 163 GWe était en construction, dont 81 GWe aux Etats-Unis et 33 GWe en France ; 21 GWe ont en outre été autorisés et 53 GWe en sont au stade de projet (voir le Tableau 5).

En raison des délais nécessaires, on peut définir une fourchette assez précise des capacités nucléaires possibles pour la période qui s'étend jusqu'à 1990, mais même à cette échéance, des retards d'autorisation et de construction ou des modifications des politiques nationales peuvent avoir des répercussions importantes.

Les centrales nucléaires dont la construction n'est pas très avancée ne seront probablement pas encore entrées en service en 1985. Le sort des projets de centrales nucléaires qui ont été interrompus par une décision de justice est considéré comme incertain.

A l'échéance de 1990, la mise en service des centrales dont la construction n'a pas commencé ou qui n'ont pas encore été autorisées

---

*   Ce rapport, couramment dénommé «Livre Jaune», a été publié par l'OCDE en mai 1982
** Une évaluation établie par l'AEN après la réunion a abouti à un chiffre de 489 GWe.

est incertaine, de même que celle de certaines centrales aux Etats-Unis, dont la construction n'est pas très avancée ou dont l'achèvement est actuellement ajourné pour durée indéterminée.

Le Tableau 4 présente une ventilation par pays de ce qui est estimé possible et de ce qui est incertain pour 1985 et pour 1990. Pour 1985, certaines capacités (14 GWe) sont incertaines aux Etats-Unis, aux Pays-Bas, au Japon, en Allemagne et en Espagne, en raison, dans le cas des trois derniers pays cités, de retards dans le calendrier du programme nucléaire. Aux Etats-Unis, en revanche, l'annulation de quelques centrales nucléaires dont la construction n'est pas très avancée est probable, tandis qu'aux Pays-Bas, les capacités actuellement en exploitation pourraient être mises progressivement hors service.

A l'échéance de 1990, on estime que pour tous les pays de l'OCDE qui possèdent un programme nucléaire, à l'exception de la France, de la Belgique, et de la Suède, certaines capacités figurant dans les prévisions nationales sont incertaines. Dans le cas du Canada, du Japon, de l'Allemagne, de l'Italie, de l'Espagne et du Royaume-Uni, • ces capacités pourraient ne subir qu'un retard et être disponibles au-delà de 1990. Dans d'autres cas, il se pourrait que des capacités existantes soient progressivement mises hors service (Pays-Bas), que des projets de centrales autorisés soient annulés (Etats-Unis), ou que des centrales en construction soient annulées (Etats-Unis). La situation pourrait s'améliorer, particulièrement aux Etats-Unis, si les incertitudes actuelles peuvent être surmontées.

Dans de nombreux pays, le moyen terme (1991-2000) n'a pas fait l'objet d'un examen détaillé et se caractérise donc par une incertitude plus grande que le court terme. De nombreux pays s'attachent en ce moment à élaborer des programmes à cette échéance et ceux-ci indiquent en général une poursuite de l'expansion de l'énergie nucléaire. Il est toutefois probable que le rythme d'accroissement de la production d'électricité d'origine nucléaire connaîtra un ralentissement spectaculaire, car les commandes de nouvelles centrales nucléaires sont de moins en moins nombreuses. Depuis la fin de 1978, 36,8 GWe seulement ont été commandés, dont 26,5 en France, tandis que 30,9 GWe ont été annulés aux Etats-Unis (voir le Tableau 5).

Les incertitudes qui entourent l'expansion des capacités nucléaires dans les années 90 se traduisent par de larges fourchettes d'estimation,

Tableau 4

Evaluation de la capacité nucléaire des pays de l'OCDE

(en GWe nets à la fin de 1985, de 1990 et de 2000)

Tableau 5

Situation des programmes nucléaires (en GWe) à la fin de 1981
OCDE

	En service	Prévisions du pays pour 1990	Différence	En Construction	Sites Approuvés & Autorisés	En projet mais sans approbation du site	Faits nouveaux depuis la fin de 1978	
							Nouvelles commandes	Annulations
Allemagne	9,9	25,0	15,1	9,3	1,3	11,3	1,3	-
Belgique	1,7	5,5	3,8	3,8	-	-	-	-
Canada	5,2	15,0	9,8	4,9	-	5,2	-	-
Espagne	2,0	12,7	10,7	10,6	3,0	-	-	-
Etats-Unis	56,4	121,0	63,6	80,7 [2]	2,6	12,7 [3]	-	30,9
Finlande	2,2	2,2	-	-	-	-	-	-
France	22,0	56,0	34,0	33,4	7,8	-	26,5	-
Irelande	-	0,6	0,6	-	-	-	-	-
Italie	1,4	5,4	4,0	2,0	-	4,0	-	-
Japon	15,7	51,0	35,3	9,2	6,1	17,0	3,8	-
Pays-Bas	0,5	0,5	-	-	-	-	-	-
Suède	6,4	9,4	3,0	3,0	-	-	-	-
Suisse	1,9	2,8	0,9	0,9	-	2,1	-	-
Royaume-Uni	6,4	12,3	5,9	5,6	-	1,2	4,2	-
Total	**131,7**	**319,4**	**187,7**	**163,4**	**20,8**	**53,4**	**36,8**	**30,9**

1. Non compris 1,1 GWe installé mais hors service
2. Dont 15.7 GWe sont achevés à moins de 20% et sont sujets à des retards ou à des annulations.
3. Non inclus 3,5 GWe, commandés mais permis de construire non déposé.

qui vont de « l'estimation basse » de l'AIE, soit moins de 400 GWe, à une valeur de l'ordre de 500 GWe déduite des prévisions des pays. L'estimation basse repose sur les prévisions basses des pays, lorsque l'on en dispose (par exemple pour le Canada, pour la Suède, pour le Royaume-Uni et pour la Suisse), ou sur des estimations qui reviennent à supposer que les niveaux prévus pour 1990 seront atteints ou maintenus (c'est le cas par exemple de la Belgique, de l'Italie et des Pays-Bas). On suppose que les capacités connaîtront une augmentation supplémentaire, mais modeste, aux Etats-Unis, au Japon, en République fédérale d'Allemagne et en Espagne. Les détails des prévisions sont présentés sur le Tableau 4.

Si on veut que l'énergie nucléaire puisse remplir ne fût-ce que les modestes objectifs que lui assignent actuellement les responsables de la planification énergétique dans les pays de l'OCDE pour le restant du siècle, des centrales nucléaires d'une capacité totale de quelque 200 GWe devront être autorisées au cours des dix prochaines années. Ce résultat exigera un profond bouleversement des tendances actuelles. Le rythme moyen de construction de centrales nucléaires dans la zone de l'OCDE a été de 10 GWe/an au cours de la dernière décennie. Ce rythme devra plus que doubler si on veut atteindre les capacités prévues. Si on se contentait d'atteindre l'extrémité inférieure de la fourchette des capacités nucléaires prévues, une capacité supplémentaire de 80 GWe environ devrait être autorisée au cours des dix prochaines années. Même ce résultat dépendra de façon critique de l'évolution du programme nucléaire aux Etats-Unis.

IV. CONSIDERATIONS SUR L'OFFRE ET LA DEMANDE

Les besoins du cycle du combustible ont été calculés pour le scénario de base de l'AEN et sont présentés, ainsi que les renseignements appropriés relatifs à l'offre, sur la Figure 4. Il n'y a aucune raison technique de penser que l'offre ne puisse pas satisfaire n'importe quel niveau plausible de la demande relative au combustible nucléaire et aux services du cycle associé, du moins jusqu'en l'an 2000 et peut-être au-delà de cette date, sauf pour le retraitement des combustibles irradiés. D'autres facteurs qui ont une forte incidence sur l'offre et sur la demande entrent toutefois en jeu.

1. Phase initiale du cycle du combustible

Il ne fait pratiquement aucun doute que c'est la situation du marché de l'uranium qui influera le plus sur le rythme de production de ce métal. Compte tenu du nombre limité de commandes nouvelles de centrales nucléaires ces dernières années, par rapport à ce que l'on prévoyait au début des années 70, et de l'augmentation des capacités de production dans les principaux pays producteurs, la situation s'est trouvée caractérisée par une offre excédentaire et le prix de l'uranium a diminué. Cette évolution s'est produite à une époque où les coûts de production augmentaient régulièrement et a conduit plusieurs producteurs à arrêter l'exploitation de certains gisements et à exploiter sélectivement certains autres. Il pourrait en résulter, dans certains cas, la perte d'une fraction notable de la base de ressources. On pourrait s'attendre à ce que la perte de confiance sur le marché de l'uranium entraîne un recul du niveau des investissements dans ce secteur, et cela a déjà eu pour effet de ralentir les activités de prospection dans de nombreux pays. La réaction de l'industrie à la situation actuelle du marché pourrait avoir une influence marquée sur l'offre d'uranium à plus long terme.

Figure 4

**COMPARAISON DE L'OFFRE ET DE LA DEMANDE LIEES AU CYCLE
DU COMBUSTIBLE DANS LES PAYS DE L'OCDE POUR LA PERIODE 1980-2000,
D'APRES LE SCENARIO DE BASE DE L'AEN**
(Facteur de charge = 70 % - Teneur de rejet = 0,20 %)

(a) Uranium naturel (milliers de tonnes d'uranium par an)

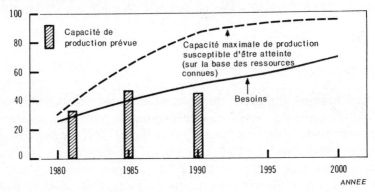

(b) Enrichissement (millions d'UTS par an)

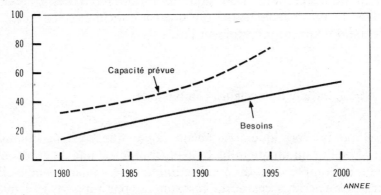

(c) Quantités cumulées de combustible irradié (milliers de tonnes de métal lourd)

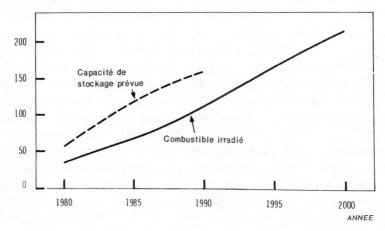

Ce qui est plus inquiétant, c'est la diminution des incitations en faveur de la prospection et de la mise en valeur des provinces uranifères. Une expansion régulière et prévisible de l'énergie nucléaire encouragerait et stimulerait l'effort de prospection nécessaire pour porter les ressources d'uranium à un niveau permettant de répondre à la demande à long terme. D'autre part, si les projections de la demande font apparaître des fluctuations, il peut en résulter une instabilité du secteur de l'offre d'uranium, qui risque en définitive d'aboutir à des difficultés d'approvisionnement, d'autant plus que les délais entre le début de la prospection et la mise en production d'un gisement nouvellement découvert sont très longs (environ 15 ans à l'heure actuelle).

La production d'uranium susceptible d'être atteinte dans les pays de l'OCDE pourrait répondre aux besoins de la zone jusqu'à la fin du siècle, voire les dépasser jusque bien au-delà du début du siècle prochain, selon le rythme de croissance de l'énergie nucléaire et les stratégies de réacteurs retenues. Toutefois, la situation varie considérablement selon les régions, et les Etats-Unis et le Canada sont les deux seuls pays, parmi ceux poursuivant des programmes nucléaires importants, qui parviennent, pour l'essentiel, à assurer leur auto-approvisionnement en uranium. En Europe, la production totale d'uranium ne dépassera guère 6000 tonnes par an, dont la majorité sera produite et consommée en France. En revanche, la consommation européenne passera de 15.000 tonnes environ à un chiffre de l'ordre de 30.000 à 50.000 tonnes d'ici à la fin du siècle et continuera d'augmenter rapidement si des réacteurs surgénérateurs rapides ne sont pas mis en service à bref délai. Sur le plan de l'offre et de la demande, la situation est analogue au Japon et dans bon nombre de pays non membres de l'OCDE.

Dans le passé, on s'est beaucoup préoccupé des déséquilibres régionaux entre l'offre et la demande, qui font que certains pays doivent importer de l'uranium et/ou des services liés au cycle du combustible. La crainte d'une interruption des approvisionnements en combustible a amené les consommateurs à diversifier leurs sources d'approvisionnement, notamment en uranium naturel, souvent en s'éloignant de leurs partenaires commerciaux traditionnels, et à constituer des stocks considérables, ce qui risque d'avoir des répercussions importantes sur l'évolution future du marché de l'uranium.

La capacité des services d'enrichissement et de fabrication du combustible est suffisante pour répondre aux besoins pendant long-temps encore. En outre, les délais de mise en place des installations nécessaires sont en général plus courts que ceux de construction des réacteurs ou d'approvisionnement en uranium ; mais ici encore, il existe des déséquilibres régionaux (les capacités d'enrichissement sont par exemple insuffisantes au Japon). La plupart des pays qui mettent en oeuvre l'énergie nucléaire ne possèdent, à l'heure actuelle, aucune installation d'enrichissement, mais sont obligés d'acheter les services dont ils ont besoin auprès d'autres pays. Certains d'entre eux prévoient toutefois de construire des installations, ce qui pourrait modifier la situation dans les années 90.

2. Fabrication et construction des réacteurs

En raison du niveau élevé des prévisions relatives à l'énergie nucléaire établies au début des années 70, le secteur de la fabrication des réacteurs a rapidement accru sa capacité de production, qui s'établit aujourd'hui, selon les estimations, entre 50 et 60 GWe par an pour l'ensemble des sept grands pays fournisseurs Membres de l'OCDE (République fédérale d'Allemagne, Canada, Etats-Unis, France, Japon, Royaume-Uni, Suède). Les capacités sont à l'heure actuelle largement excédentaires et, même si les estimations du scénario de base se concrétisaient, cette surcapacité pourrait persister au-delà de la fin du siècle. Même des taux de croissance plus élevés ne dépasseraient donc pas les capacités de fabrication *actuelles*.

La situation actuelle de surcapacité suscite de vives préoccupations quant à la viabilité future de l'industrie nucléaire. Une insuffisance prolongée des commandes dans les années 80 risquerait d'avoir des répercussions dramatiques sur l'aptitude de l'industrie à répondre aux besoins prévus pour la décennie suivante. Les ressources nécessaires en matière de conception, d'ingénierie et de fabrication commencent déjà à se disperser vers d'autres activités commerciales. On peut s'attendre à ce que cette évolution s'accélère, à moins que l'on n'assiste à une modification très rapide des perspectives de croissance de l'énergie nucléaire. Il n'est guère probable que les commandes de centrales nucléaires émanant de l'extérieur de la zone OCDE puissent faire plus que pallier cette situation.

3. Phase terminale du cycle du combustible

La disponibilité en quantités suffisantes des services nécessaires au traitement des produits de la phase terminale du cycle du combustible revêt une importance capitale pour l'avenir du nucléaire. Ces services comprennent le transport et le stockage du combustible irradié, le retraitement, la gestion et l'évacuation des déchets et le déclassement des installations nucléaires.

Un simple comparaison des projections concernant les besoins dans le domaine du stockage du combustible irradié avec les capacités de stockage existantes et prévues dans la zone de l'OCDE montre qu'on ne devrait rencontrer dans ce domaine aucun problème d'ordre technique ou industriel, à condition que les projets actuels soient menés à bien (Figure 4).

Dans certains pays, cependant, des difficultés politiques sont déjà apparues en raison de l'insuffisance des possibilités de stockage sur le site des réacteurs et à distance. Il faut entreprendre sans tarder la construction de dépôts à long terme. La construction et la gestion de ces installations de stockage constitueront, à elles seules, une importante activité, et les dispositions d'ordre institutionnel devront faire l'objet d'un examen approfondi de la part des instances nationales compétentes, sans oublier les avantages que peut offrir la coopération internationale. Toutefois, compte tenu des délais relativement courts nécessaires à la mise en place des installations de stockage et de la technologie relativement simple que cela implique, aucune raison technique ne permet de penser que, si les actions administratives sont entreprises en temps voulu, l'insuffisance des capacités de stockage puisse freiner le développement du nucléaire. Cependant, il est possible que l'opposition du public empêche ou ralentisse la construction des installations de stockage de combustible irradié.

En ce qui concerne le retraitement, on peut s'attendre à ce que la plupart des pays de l'OCDE qui possèdent un programme nucléaire retraitent une partie au moins de leur combustible irradié, ou le fassent retraiter, pour obtenir le plutonium nécessaire aux réacteurs thermiques avancés et aux réacteurs rapides. En outre, il faudra augmenter les capacités de retraitement si on estime souhaitable, pour des raisons d'environnement, de retraiter la totalité du combustible irradié ou s'il devenait intéressant d'utiliser le plutonium dans les réacteurs classiques ou les réacteurs thermiques avancés. Pour le moment, seuls quelques pays prévoient de mener des opérations de retraitement à l'échelle commerciale et une expansion considérable du secteur du retraitement serait nécessaire si l'utilisation des surgénérateurs devait se généraliser au début du siècle prochain. Ces dernières années, le retraitement s'est heurté à d'importants obstacles politiques au plan international et les débats en cours à l'AIEA visent à définir des mesures de contrôle appropriées pour le plutonium après séparation.

Il est improbable que tous les pays qui ont besoin de retraiter du combustible se dotent de leurs propres installations de retraitement, de sorte que les échanges dans ce domaine du cycle du combustible continueront à s'intensifier. L'accès aux installations de retraitement est un sujet de préoccupation pour plusieurs pays, et en particulier pour certains petits pays Membres de l'OCDE, surtout lorsque l'avenir de l'énergie nucléaire sur leur territoire en dépend. Une coopération industrielle à l'échelon multinational pourrait renforcer la garantie à long terme d'accès à ce service et à d'autres liés au cycle du combustible, tout en offrant aux pays dont le programme nucléaire est moins important la possibilité de tirer parti des économies d'échelle.

La question de l'évacuation des déchets radioactifs est examinée au chapitre VI.

4.   Possibilités d'expansion plus rapide de l'énergie nucléaire

Du point de vue technique ou industriel, aucune raison ne s'oppose à ce que l'offre de combustible et de services liés au cycle du combustible puisse faire face à n'importe quel niveau réaliste de la demande jusqu'à la fin du siècle ou même au-delà. En fait, le secteur de l'offre et de la construction des réacteurs pourrait soutenir un rythme de croissance beaucoup plus élevé que celui qui a été examiné ci-dessus. En réponse à un taux élevé de croissance de la demande d'électricité, l'énergie nucléaire pourrait par exemple se développer à un rythme qui conduirait à une capacité installée de 680 GWe dans la zone de l'OCDE en l'an 2000.* Ce scénario de « croissance forte » ne

---

*   Ce scénario a été calculé par le Groupe de travail sur les besoins liés au cycle du combustible nucléaire (WPNFCR) et est décrit en détail dans le rapport « L'énergie nucléaire et son cycle du combustible: perspectives jusqu'en 2025 », où il est désigné sous le nom d'« hypothèse de croissance forte ». Cette évaluation, de même que d'autres établies par le WPNFCR, repose, pour le court terme, principalement sur les réponses au questionnaire et, pour le long terme, sur des estimations de la demande totale d'électricité, avec des valeurs limites pour la part de cette demande que l'énergie nucléaire devrait raisonnablement être en mesure de satisfaire.

poserait aucun problème technique du point de vue de l'offre d'uranium, d'eau lourde et de services relatifs à l'enrichissement ou à la fabrication du combustible ; et la multiplication par deux ou par trois du rythme actuel d'installation de centrales demeure dans les limites des capacités de l'industrie nucléaire. Les dispositions à prendre pour la gestion du combustible irradié exigeraient une étude attentive de la part des organismes nationaux et internationaux compétents, mais on ne prévoit aucun problème technique insurmontable.

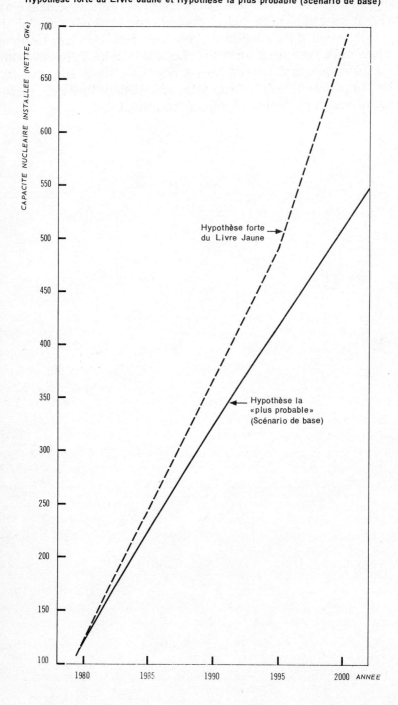

Figure 5

CAPACITE NUCLEAIRE DANS LES PAYS DE L'OCDE (1980-2000)
Hypothèse forte du Livre Jaune et Hypothèse la plus probable (Scénario de base)

CAPACITE NUCLEAIRE INSTALLEE (NETTE, GWe)

Hypothèse forte
du Livre Jaune

Hypothèse la
«plus probable»
(Scénario de base)

ANNEE

V. INCIDENCES DE LA CONTRIBUTION DU NUCLEAIRE SUR LA SITUATION ENERGETIQUE GLOBALE

1. Offre et demande d'énergie

Trois scénarios de l'offre et de la demande d'énergie dans la zone de l'OCDE ont été pris en considération ; les détails sont donnés dans le Tableau 6.

Le scénario PEM de forte demande (prix du pétrole constant/ croissance forte) correspond à un environnement économique qui entraîne une croissance soutenue de la demande d'énergie. L'hypothèse de base sur laquelle il repose est que les prix du pétrole demeureront constants en termes réels à long terme (c'est-à-dire augmenteront au rythme de l'inflation), entre le milieu des années 80 et la fin du siècle. On suppose en outre que les prix du pétrole en termes réels diminueront de 3,9 % par an jusqu'en 1985. On arriverait ainsi à un prix réel du pétrole de l'ordre de 28 dollars des Etats-Unis par baril, en dollars constants de 1981, après le milieu des années 80. En concordance avec ces perspectives d'évolution des prix, le scénario suppose des taux de croissance économique de 2,6 % par an en moyenne entre 1980 et 1985, et de 3,2 % par an dans la période de 1985 à 2000. En fait, seuls de tels taux relativement élevés de croissance économique offrent des perspectives raisonnables de réduire progressivement le nombre de chômeurs, qui représente actuellement presque 30 millions de personnes dans la zone de l'OCDE.

Dans *le scénario PEM de faible demande* (prix du pétrole en hausse/croissance plus faible), la croissance de la demande d'énergie serait freinée par une augmentation progressive des prix du pétrole et par un ralentissement de la croissance économique. Ce scénario suppose une augmentation du prix réel du pétrole de 3 % par an après 1985. Pour l'avenir immédiat, on suppose une baisse de prix de 3,3 % par an. Cela signifie que les prix réels du pétrole en dollars constants de

1981 tomberaient à 29 dollars des Etats-Unis par baril en 1985, puis augmenteraient pour atteindre des niveaux de l'ordre de 45 dollars des Etats-Unis par baril à la fin du siècle. Comme dans le premier scénario, les hypothèses relatives à la croissance économique correspondent à une reprise dans la première moitié des années 80, mais à un rythme plus lent, soit 2,4 % par an en moyenne jusqu'en 1985 et 2,7 % par an pendant la période de 1985 à 2000. Ces taux de croissance peuvent encore sembler élevés en regard de la récession actuelle, mais ils ne seraient pas suffisants pour contenir efficacement le chômage. Les résultats économiques globaux correspondant à ce scénario seraient donc loin d'être satisfaisants.

Tableau 6

Hypothèses sur lesquelles reposent les prévisions de la demande

	1980-1985	1985-2000
Scénario de forte demande:		
Prix du pétrole constant/croissance forte		
Prix réel du pétrole	− 3,9%	+/− 0%
Croissance économique	+ 2,6%	+ 3,2%
Scénario de faible demande		
Prix du pétrole en hausse/croissance plus faible		
Prix réel du pétrole	− 3,3%	+ 3,0%
Croissance économique	+ 2,4%	+ 2,7%

Pour ces deux cas, un modèle économétrique mis au point par le Secrétariat de l'AIE fournit des évaluations quantitatives de la consommation finale d'énergie dans la zone de l'OCDE par secteurs et par pays. La demande d'électricité est en outre obtenue séparément à partir de valeurs estimées de la pénétration de l'électricité et de la demande globale d'énergie dans le secteur résidentiel et tertiaire et dans l'industrie. Comme on prévoit que la demande d'électricité augmentera plus vite que la demande globale d'énergie, la consommation d'énergie pour la production d'électricité manifeste une tendance à la hausse et l'écart tend à se creuser entre la consommation finale d'énergie et les besoins totaux en énergie primaire.

Le scénario de référence de l'AIE a été défini à la mi-80 à partir des bilans énergétiques des différents pays de l'OCDE ; les principales hypothèses sur lesquelles il repose sont les suivantes :

Tableau 7 :

Trois scénarios de l'offre et de la demande d'énergie dans la zone de l'OCDE

| | Situation actuelle | Scenarios quantitatifs | | | | | | Scénario de référence | |
| | | Prix constant/Croissance forte | | | Prix en hausse/Croissance plus faible | | | Faible cons. de pétrole | |
	1980	1985	1990	2000	1985	1990	2000	1990	2000
Demande (en Mtep)									
Besoins Totaux en énergie primaire [1]	3,812	3,969	4,472	5,806	3,930	4,269	5,089	4,596	5,502
Soutes	75	77	90	117	76	85	100	88	90
Utilisation pour la production d'électricité [2]	805	906	1,073	1,596	898	1,030	1,398	1,091	1,443
Autres utilis. impliquant une transformation	237	247	271	331	245	260	291	314	388
Consommation finale totale	2,695	2,739	3,038	3,762	2,710	2,900	3,299	3,108	3,581
Industrie et utilisations non énergétiques	1,064	1,088	1,258	1,626	1,072	1,188	1,395	1,349	1,778
Transports	755	773	820	939	766	787	839	755	719
Secteur résidentiel et commercial/Autres	876	878	960	1,197	872	925	1,065	999	1,084
Pour mémoire: consommation d'électricité [3]	435	486	579	862	482	552	754	597	782
Offre (en Mtep)									
Production intérieure	2,577	2,814	3,093	3,997	2,802	3,072	3,867	3,262	4,348
Pétrole [4]	712	697	636	640	695	646	727	681	683
Gaz Naturel	686	693	660	607	698	698	700	716	750
Charbon	782	836	1,022	1,610	831	993	1,390	1,111	1,782
Energie nucléaire	148	305	445	620	300	425	570	412	644
Energie hydraulique/Autres [5]	250	283	330	520	278	310	480	342	489
Importations nettes	1,248	1,155	1,379	1,809	1,128	1,297	1,222	1,334	1,154
Pétrole	1,164	1,028	1,140	1,454	1,001	975	872	1,060	816
Gaz Naturel	50	82	179	225	84	165	250	182	266
Charbon	34	45	60	130	43	57	100	92	72

Parts des différentes formes d'énergie primaire (en %)

Pétrole	49,1	43,5	39,7	35,6	43,2	38,0	31,4	36,7	26,0
Gaz naturel	19,2	19,5	18,8	14,9	21,4	20,2	17,0	19,9	18,8
Charbon	21,3	22,2	24,2	30,0	22,2	24,6	29,3	26,7	34,2
Energie nucléaire	3,9	7,7	10,0	10,7	7,6	10,0	11,2	9,1	11,9
Energie hydraulique/Autres	6,5	7,1	7,4	9,0	7,1	7,3	9,4	7,6	9,0

Evolution de la croissance (en % par an) [6]

Energie primaire totale (EPT)	-	0,8	2,4	2,6	0,6	1,7	1,7	1,9	1,8
Consommation finale totale	-	0,3	2,1	2,2	0,1	1,4	1,3	1,4	1,4
Consommation de pétrole	-	-1,7	0,6	1,7	-2,0	-0,9	-0,1	-0,8	-1,6
Consommation d'électricité	-	2,2	3,6	4,1	2,0	2,8	3,2	3,2	2,7

Rendement d'utilisation de l'énergie

Rapport EPT/PIB (1973=100)	87,9	80,4	77,4	73,4	80,4	76,5	69,8	78,3	68,4
Rapport pétrole/PIB (1973=100)	80,2	64,8	57,0	48,4	64,3	53,8	40,7	55,1	34,6
Pour mémoire: PIB (en milliards de dollars des E.U. à la valeur de 1980)	7,543	8,582	10,046	13,765	8,499	9,710	12,674	10,200	13,980

1. Y compris les soutes, non compris l'évolution des stocks.
2. Energie consommée au cours de la production d'électricité; la consommation totale d'énergie primaire s'obtient par addition des chiffres relatifs à la production d'électricité et à la consommation d'électricité.
3. Y compris la consommation d'électricité par le secteur de l'énergie et par les raffineries.
4. Y compris les condensats de gaz naturel et les carburants de synthèse.
5. Y compris les sources nouvelles et renouvelables d'énergie.
6. Taux de croissance annuels moyens pendant la période qui débute à la précédente année mentionnée.

de la zone
u plus de
0 ; baisse
OCDE, de
à 28 Mbj
trole dans
moitié et

de l'éner-
u produit
celui-ci,
inuera de
vait baissé
1,4 % par

e l'OCDE
alentissant
cette aug-
onomique
79-1990 et

de la zone
et 2000, la
aire totale
bon et les
60 % de
riode et le

ttribuée à
rieure aux
des pays.
le devrait
des PEM)
(scénarios
en 2000.

L'exemple du scénario de référence met en évidence la relation entre une contribution relativement forte de l'énergie nucléaire et une faible contribution du pétrole. Alors que les deux scénarios des PEM supposent des importations nettes de pétrole de l'ordre de 1809 Mtep (hypothèse haute) ou de 1222 Mtep (hypothèse basse) en l'an 2000, ces importations ne s'élèvent qu'à 1154 Mtep dans le scénario de référence. En ce qui concerne la production d'électricité, on suppose même dans les deux scénarios des PEM une capacité des centrales au fuel et au gaz plus forte de 135 GWe (hypothèse haute) ou de 80 GWe (hypothèse basse) que dans le scénario de référence (voir Tableau 8).

2. Production d'électricité et parts des différentes formes d'énergie primaire

Les contributions prévues des différentes formes d'énergie primaire à la production d'électricité sont indiquées pour les trois scénarios sur le Tableau 8 (capacités installées en GWe) et sur le Tableau 9 (pourcentages).

On observe une évolution analogue vers une moindre production à partir de pétrole en 1985 et en 1990 dans les prévisions officielles des pays et dans le scénario de référence mais on relève certaines différences dans les diverses possibilités prévues de dosage des sources d'énergie primaire, surtout pour 1990. Dans le scénario de référence, où l'on prévoit en général un taux de croissance plus faible de l'électricité, en raison surtout des hypothèses relatives aux économies d'énergie, la part prévue du charbon est plus forte en 1990, surtout en Amérique du Nord et dans le Pacifique. Ce scénario prend donc en compte les difficultés et les incertitudes actuelles du programme nucléaire des Etats-Unis et la possibilité d'un important glissement du programme nucléaire du Japon. Pour l'an 2000, le scénario de référence ne prévoit qu'une très faible production d'électricité à partir de pétrole, ce qui constitue un objectif très ambitieux. Il est probable que les centrales au fuel qui subsisteront à ce moment se situeront dans des zones sensibles du point de vue de l'environnement, assureront la demande de pointe ou desserviront des zones que les réseaux de distribution alimentés par les centrales au charbon ou nucléaire ne peuvent pas atteindre.

Les sources d'énergie de remplacement utilisées pour la production d'électricité sont surtout le charbon vapeur et, dans une moindre mesure, l'énergie nucléaire. Le charbon devrait connaître une croissance plus lente que l'énergie nucléaire au cours de la période 1980-1990, mais dans la plupart des pays, la majorité des centrales nouvelles mises en service dans les années 90 seront alimentées au charbon (voir le Tableau 7). Ce choix, effectué malgré les avantages économiques qu'offre l'énergie nucléaire pour la production en base, reflète dans certains cas des priorités sociales, dans d'autres la diversification des approvisionnements et dans d'autres cas encore des entraves particulières au développement de l'énergie nucléaire, comme celles qui seront examinées au chapitre VI.

Tableau 8

OCDE - Capacité de production d'électricité (en GWe)

	1980	1990			2000		
		Scénario de référence	PEM		Scénario de référence	PEM	
			Hyp. haute	Hyp. basse		Hyp. haute	Hyp. basse
Amérique du Nord							
pétrole	158	47	87	51	21	77	63
Gaz	81	66	54	41	29	34	40
Charbon	264	317	297	306	482	496	413
Nucléaire	61	143	126	124	193	168	161
Pacifique							
pétrole	62	76	79	69	36	60	54
Gaz	24	66	41	47	29	43	49
Charbon	20	51	46	41	107	87	60
Nucléaire	15	25	42	37	54	64	56
Europe							
pétrole	125	79	14	13	17	31	14
Gaz	19	43	16	13	16	27	13
Charbon	125	142	149	144	202	250	222
Nucléaire	44	126	147	142	213	211	190
OCDE-Total							
pétrole	343	201	180	133	74	169	131
Gaz	124	167	111	101	73	104	96
Charbon	409	511	491	491	792	834	695
Nucléaire	121	294	318	303	460	443	407

Tableau 9

**Parts relatives prévues des sources d'énergie utilisées
pour la production d'électricité dans les différentes régions de l'OCDE (en %)**

	Parts effectives en 1980	1990 PEM hyp. haute	1990 PEM hyp. basse	1990 Scénario de réf. de l'AIE	2000 PEM hyp. haute	2000 PEM hyp. basse	2000 Scénario de réf. de l'AIE
Amérique du Nord							
Charbon	47,8	48,5	52,1	50,1	55,7	52,3	57,2
pétrole	9,5	7,1	4,4	3,7	4,3	4,0	1,3
Gaz	12,7	4,4	3,5	5,2	1,9	2,5	1,7
nucléaire	10,9	20,5	21,1	22,5	18,8	20,4	22,9
hydr./autres	19,1	19,4	18,8	18,5	19,2	20,8	16,9
Pacifique							
Charbon	23,4	26,1	25,3	26,8	35,3	28,9	43,9
pétrole	33,0	22,4	21,0	21,9	12,1	13,1	7,8
Gaz	10,9	11,8	14,4	16,9	8,7	10,3	6,3
nucléaire	12,7	24,1	22,7	17,5	25,7	27,1	26,4
hydr./autres	20,0	15,5	16,6	16,9	18,2	20,6	15,6
Europe							
Charbon	39,2	37,8	38,3	35,7	40,5	41,1	39,2
pétrole	20,6	1,8	1,7	9,9	2,5	1,3	1,7
Gaz	7,2	2,0	1,7	5,3	2,2	1,2	1,5
nucléaire	11,1	37,5	37,9	31,7	34,3	35,2	41,2
hydr./autres	21,9	20,9	20,4	17,4	20,5	21,2	16,4
OECD-Total							
Charbon	42,3	41,6	43,6	42,4	47,5	45,2	49,8
pétrole	15,6	7,6	5,9	8,4	4,8	4,3	2,4
Gaz	10,3	4,7	4,5	6,9	3,0	3,1	2,3
nucléaire	11,5	26,9	27,0	24,4	25,2	26,5	28,9
hydr./autres	20,3	19,1	19,0	17,9	19,5	20,9	16,6

Pour mémoire
Consommation d'énergie primaire
pour la production d'électricité (en Mtep)

	Parts effectives en 1980	1990 PEM hyp. haute	1990 PEM hyp. basse	1990 Scénario de réf. de l'AIE	2000 PEM hyp. haute	2000 PEM hyp. basse	2000 Scénario de réf. de l'AIE
OCDE-Total	**1259**	**1652**	**1577**	**1688**	**2458**	**2152**	**2225**
Charbon	532	688	688	716	1167	973	1109
pétrole	196	126	93	141	118	92	52
Gaz	130	78	71	117	73	67	51
nucléaire	145	445	425	412	620	570	644
hydr./autres	256	315	300	302	480	450	369

Les estimations relatives à l'énergie nucléaire sont assez basses dans chacun des trois scénarios. La capacité de 460 GWe prévue pour l'an 2000 dans le scénario de référence est inférieure de 200 GWe environ à la valeur basse de l'INFCE, mais elle est très proche de l'estimation de la Réunion de travail à haut niveau (450 à 500 GWe) et de l'évaluation la plus récente de l'AEN (489 GWe). La capacité des centrales au charbon prévue pour l'an 2000 est de 792 GWe, soit de l'ordre de 100 à 300 GWe de moins que certaines estimations récentes.* Ces valeurs plus faibles des capacités tiennent entièrement aux hypothèses relativement basses qui ont été faites à propos de la croissance de la demande d'électricité, même s'il existe peut-être des perspectives de plus forte pénétration de l'électricité. Toutefois, si on

Tableau 10

Estimations de la capacité de production d'électricité à partir de charbon et d'énergie nucléaire (en GWe)

Nucléaire	1980	1990			2000		
		Scénario de référence	INFCE*		Scénario de référence	INFCE*	
			hyp. haute	hyp. basse		hyp. haute	hyp. basse
Amérique du Nord	61	143	177	214	193	307	426
Europe	44	126	165	209	213	276	407
Pacifique	16	25	45	60	54	100	150
TOTAL	121	294	387	483	460	683	1013

Charbon	1980	1990			2000		
		Scénario de référence	WOCOL*		Scénario de référence	WOCOL*	
			hyp. haute	hyp. basse		hyp. haute	hyp. basse
Amérique du Nord	264	317	322	410	482	503	686
Europe	125	142	236	282	202	297	373
Pacifique	20	51	57	58	107	103	114
TOTAL	409	510	615	750	792	903	1173

* *Evaluation internationale du cycle du combustible nucléaire (INFCE), Rapport du Groupe de travail 1, IAEA, Vienne, 1980, et, par exemple, Coal - Bridge to the Future, Report of the World Coal Study, (WOCOL), M.I.T., 1980. Le facteur de conversion utilisé ici implique que 1,4 Mtep équivaut à 1 GWe, avec un facteur de charge de 70% et un rendement de 35%.*

considère la capacité de production prévue pour 1990 par les pays de l'OCDE (de l'ordre de 595 GWe pour le charbon et de 325 GWe pour l'énergie nucléaire), cela implique que 200 GWe environ de capacité de production supplémentaire à partir de charbon et 120 GWe environ de capacité nucléaire supplémentaire devront être mis en place dans la période de 1990 à 2000.

Si la demande d'électricité devait se révéler plus forte qu'on ne le prévoit dans le scénario de référence, il faudrait accroître encore la capacité de production à partir de charbon et d'énergie nucléaire pour éviter une plus forte dépendance vis-à-vis de l'électricité produite à partir de pétrole. Pour répondre à la plus forte demande d'électricité dans l'hypothèse haute des PEM, il faudrait mettre en place d'ici à l'an 2000 une capacité supplémentaire (par rapport au scénario de référence) de l'ordre de 60 GWe.

3. Répercussions d'une insuffisance de capacité nucléaire

La différence entre la contribution de l'énergie nucléaire prévue pour l'an 2000 dans le scénario de référence de l'AIE (460 GWe) et la capacité qu'il serait possible d'installer si les programmes nucléaires subissaient de nouveaux retards (hypothèse basse de l'AIE ; voir le Tableau 5) correspond à une insuffisance de 70 GWe. Cela représente de l'ordre de 100 Mtep par an et une plus forte pression s'exercerait par conséquent sur d'autres secteurs du système énergétique.

Les répercussions seraient les suivantes :

— Une consommation supplémentaire de 140 millions de tonnes de charbon et des centrales au charbon supplémentaires d'une capacité installée de 70 GWe seraient nécessaires annuellement pour remplacer l'énergie nucléaire dans la production d'électricité ; ou bien

— Une consommation supplémentaire de 100 Mtep de pétrole ou de gaz et des centrales au fuel ou au gaz nouvelles (ou non reconverties) d'une capacité de 140 GWe seraient nécessaires annuellement pour remplacer l'énergie nucléaire dans la production d'électricité ; ou bien

— 2 millions de barils supplémentaires d'équivalent-pétrole par jour seraient nécessaires, sous la forme de pétrole ou de gaz, pour remplacer l'électricité dans des utilisation finales ; ou bien

— le taux d'accroissement annuel de la consommation globale d'énergie devrait diminuer de 0,5 % environ de 1990 à 2000, ce qui exigerait des efforts plus vigoureux encore d'amélioration de la productivité de l'énergie en vue d'empêcher les taux de croissance économique de tomber en dessous de 3 %.

Le scénario de référence correspond déjà à des taux élevés de croissance de la productivité de l'énergie (1,4 % par an de 1980 à 2000) et à un programme très ambitieux de production d'électricité à partir de charbon (le niveau actuel de 410 GWe devrait pratiquement doubler). On peut donc craindre qu'une pénurie d'énergie nucléaire soit compensée au moins en partie par un recours accru au pétrole ou au gaz, utilisé tel quel ou sous forme d'électricité, ou entraîne une réduction de l'offre d'énergie et de la croissance économique. Chacune de ces deux situations possibles aurait des répercussions néfastes sur les économies des pays de l'OCDE et compromettrait donc les efforts de ceux-ci visant à réduire la dépendance vis-à-vis du pétrole par une modification des parts relatives des différentes sources d'énergie dans la production d'électricité et par un développement de l'utilisation de l'électricité en vue d'obtenir un système énergétique mieux équilibré.

Ce n'est que dans le cas de l'hypothèse basse des PEM que l'éventuelle pénurie nucléaire serait plus réduite. Il convient toutefois de noter que ce scénario fait un beaucoup plus large appel au pétrole (31,4 % de l'énergie primaire totale) que le scénario de référence (26 % de l'énergie primaire totale) et que la situation économique d'ensemble à laquelle il correspond serait loin d'être satisfaisante.

Cette comparaison quantitative ne prend pas en compte les lourdes pertes économiques que les consommateurs des pays de l'OCDE subiraient du fait des coûts beaucoup plus élevés de l'emploi du pétrole, du gaz ou même du charbon (voir l'Annexe II), au lieu d'électricité d'origine nucléaire, tandis que dans certains pays une source nationale d'énergie (l'uranium), qui n'a pas d'autres usages, demeurerait inexploitée. Un examen approfondi du rôle de l'énergie nucléaire devrait donc être axé sur l'affinement des analyses économiques et des analyses des coûts portant sur toutes les questions touchant à cette forme d'énergie, et notamment sur les avantages économiques, sur les avantages du point de vue de la sécurité des approvisionnements et sur les problèmes de balance des paiements, ainsi que sur les coûts et les avantages d'une extension de l'électrification, d'une amélioration du rendement d'utilisation de l'énergie et des autres utilisations possibles de l'énergie nucléaire (comme la production de chaleur industrielle).

VI. AUTRES FACTEURS INFLUANT
SUR L'EXPANSION DE L'ENERGIE NUCLEAIRE

Outre la demande d'électricité, divers facteurs influent sur le rythme de croissance de l'énergie nucléaire. Dans beaucoup de pays, lorsque de nouvelles capacités de production d'électricité se révèlent nécessaires ou lorsqu'il y a lieu de remplacer des capacités existantes, les compagnies d'électricité ont en général à choisir entre des centrales nucléaires et des centrales au charbon, et dans quelques pays, l'hydro-électricité offre encore certaines possibilités de développement. Les facteurs qui régissent le choix entre différentes sources possibles d'énergie comprennent la sécurité des approvisionnements énergétiques, les caractéristiques économiques de la production et la confiance que le public et les compagnies d'électricité accordent à l'énergie nucléaire.

1. Sécurité d'approvisionnement

L'énergie nucléaire réduit non seulement la dépendance vis-à-vis du pétrole, mais offre aussi des avantages du point de vue de la sécurité des approvisionnements. Elle permet de diversifier les sources d'approvisionnement, d'autant plus qu'une forte proportion de la production mondiale d'uranium provient des pays de l'OCDE. L'ensemble des ressources en uranium de ces pays dépasse de loin les besoins de la zone de l'OCDE pour une période s'étendant bien au-delà de la fin de ce siècle. En tant que combustible, l'uranium occupe un volume réduit par rapport à l'énergie qu'il contient et peut donc aisément être transporté d'un pays à un autre ; il n'exige aucune installation particulière de manutention et peut être stocké sans grands frais. Des stocks couvrant les besoins en combustible nucléaire pour deux à trois ans sont courants et assurent une protection contre toute perturbation éventuelle des approvisionnements pendant des périodes plus longues encore.

La sécurité des approvisionnements présente une importance particulière pour les pays dotés de programmes nucléaires restreints ; certains d'entre eux ont parfois connu des interruptions d'approvisionnement dans le passé. Le volume de la demande de ces pays est trop faible pour permettre une grande diversification des approvisionnements et les économies d'échelle interdisent la construction d'usines nationales d'enrichissement, de fabrication et de retraitement. Les tentatives de diversification peuvent être entravées par certaines conditions attachées à l'approvisionnement en combustible et en services liés au cycle du combustible. Les pays dotés de programmes restreints ont donc tendance à s'en remettre à un fournisseur unique pour la plus grande partie des approvisionnements et des services dont ils ont besoin. Même si on peut considérer comme tout à fait improbable que ces approvisionnements et ces services soient refusés et si la constitution de stocks de combustible permet de conjurer en grande partie l'incertitude, l'assurance d'un accès sans discrimination aux approvisionnements restera l'une des préoccupations majeures de ces pays.

2. Caractéristiques économiques de la production d'électricité d'origine nucléaire

Les données relatives aux coûts de production de l'électricité dans diverses régions sont difficiles à comparer. Les conditions sont très différentes d'un pays à l'autre et même d'une région à une autre à l'intérieur des grands pays, de sorte que les comparaisons portant sur des chiffres absolus n'ont guère de signification. On peut toutefois obtenir une indication des coûts relatifs de l'électricité produite à partir des diverses sources en utilisant des séries standardisées de données à l'intérieur de tel ou tel pays.

Dans tous les pays de l'OCDE, l'électricité produite par les centrales nucléaires existantes est beaucoup moins coûteuse que celle qui est produite par des centrales au fuel (voir l'Annexe II). Les données spécifiques à la France font apparaître que, pour les centrales actuellement en construction, le rapport des coûts est de 1 à 3,4 en faveur du nucléaire. Pour l'Amérique du Nord, ce rapport s'avère moins avantageux et se situe entre 1 à 1,5 et 1 à 2. Cela peut s'expliquer, dans le cas des Etats-Unis, par le coût plus élevé des investissements pour les centrales nucléaires, en raison des longs délais de réalisation, mais aussi par les prix relativement plus bas du fuel.

Le coût de l'électricité produite à partir du charbon se situe généralement entre celui de l'électricité produite par des centrales au fuel et celui de l'électricité d'origine nucléaire, encore que, dans certaines régions des Etats-Unis et de l'ouest du Canada qui disposent de vastes quantités de charbon d'un coût relativement bas, l'avantage économique du nucléaire soit marginal ou même négatif. En Europe, au Japon et dans certaines parties du Canada et des Etats-Unis, en revanche, le nucléaire l'emporte très nettement sur la houille en matière de prix, en particulier pour les centrales assurant la demande de base, puisqu'il revient entre 20 % et 100 % moins cher.

Si le nucléaire se ressent davantage de la montée des charges en capital au cours de la construction, le coût de l'électricité produite à partir de charbon est, lui, très sensible au prix du charbon. Malgré la longueur des délais d'installation et de mise en service des réacteurs, qui réduit actuellement les avantages économiques offerts par l'électronucléaire, celui-ci n'en restera sans doute pas moins avantageux à l'avenir, en raison de la dépendance relativement faible du nucléaire vis-à-vis du coût du combustible (voir l'Annexe II).

En partie parce que le coût en capital des centrales nucléaires est plus élevé, la plupart des pays en ont limité l'introduction à la production en base. Toutefois, en France et en Belgique, il est expressément prévu d'aller bien au-delà, puisque, dans le cas de ces pays, les avantages économiques subsistent hors de la base, permettant une nette amélioration de la compétitivité des industries fortes consommatrices d'énergie.

La plupart des pays membres de l'OCDE étant importateurs nets de combustible, le développement de l'électronucléaire, qui leur permettrait de réduire leur dépendance à l'égard du pétrole ou du charbon, aurait en outre des effets bénéfiques sur la balance des paiements qui compenseraient les dépenses d'équipement plus élevés qu'exigent les réacteurs.

3. Confiance du public

Malgré les arguments techniques, le manque perceptible d'adhésion du public dans certains pays constitue souvent la principale entrave au développement à court terme de l'énergie nucléaire. On observe toutefois de grandes différences d'un pays à l'autre, aussi bien dans la façon dont cette opposition publique s'est manifestée que dans le degré auquel elle a influé sur les projets nucléaires.

La confiance du public est liée aux problèmes de la gestion du combustible irradié et des déchets, et en particulier de l'évacuation des déchets de haute activité, au choix des sites des installations nucléaires, aux effets sur l'environnement et aux risques de maladies professionnelles et d'accidents.

L'énergie nucléaire suscite souvent dans le public la crainte d'accidents entraînant l'émission de quantités appréciables de rayonnements. Le fait que les experts attribuent à de tels accidents une probabilité extrêmement faible, compte tenu du niveau élevé de sûreté inhérent à la conception des réacteurs, n'est souvent pas suffisant pour apaiser ces craintes qui sont au coeur de l'opposition du public à l'expansion de l'électronucléaire. Pour calmer ces inquiétudes, il faut poursuivre les efforts visant à assurer un fonctionnement sûr des réacteurs existants et prévus et à réduire les risques d'incidents éventuels.

La façon dont le public perçoit l'énergie nucléaire est influencée, dans la plupart des pays de l'OCDE, par les problèmes liés à la gestion du combustible irradié et des déchets radioactifs. Dans certains pays (Allemagne, Suède, et Suisse), pour obtenir l'autorisation de construire de nouvelles installations, il faut pouvoir démontrer que des solutions satisfaisantes peuvent être mises en oeuvre en ce qui concerne la gestion du combustible irradié et l'évacuation des déchets. On estime en effet que pour obtenir l'adhésion du public, il convient de démontrer non seulement que des solutions de cette nature existent, mais qu'elles sont opérationnelles et qu'elles sont effectivement mises en oeuvre. Par ailleurs, dans certains pays (Allemagne et Etats-Unis), il est fort possible que certaines centrales soient arrêtées à la fin de la présente décennie si une infrastructure adéquate n'a pas été mise en place à temps pour assurer le stockage temporaire du combustible irradié et/ou son retraitement.

Les stocks accumulés de combustible irradié vont s'accroître rapidement au cours des deux prochaines décennies et, à supposer même que l'on dispose, avant la fin du siècle, d'une capacité de retraitement considérable, il sera nécessaire de construire des installations de stockage temporaire. *Les techniques de stockage et de transport du combustible irradié* sont cependant parfaitement au point et sûres et des règlements internationaux en matière de transport sont actuellement en vigueur. Il serait donc possible de construire de nouvelles installations de stockage et de transport à mesure que le besoin s'en fera sentir, le temps nécessaire à la construction des installations de stockage étant généralement inférieur à deux ans, encore qu'on ne puisse pas en définir précisément les aspects économiques tant que les critères régissant les autorisations relatives à ces installations ne sont pas parfaitement déterminés. La part que ces installations représentent dans l'ensemble des coûts de production est cependant minime, ce qui permet d'affirmer qu'en dépit de cette incertitude, il n'y a aucune raison technique ou économique pour que la question du stockage et du transport des combustibles irradié retarde l'introduction de l'énergie nucléaire. Si, à long terme, l'industrie du retraitement vient à connaître une expansion considérable, le transport, le stockage et les utilisations de plutonium deviendront des problèmes de plus en plus importants, mais sans que cela crée pour autant des difficultés supplémentaires sur le plan de la sûreté.

On porte depuis quelques années de plus en plus d'attention à la question de la *gestion des déchets* de l'industrie nucléaire et d'intenses efforts sont actuellement déployés à l'échelon national et international en vue de l'application pratique des diverses solutions qui ont déjà été mises au point sur le plan théorique ou à l'échelle d'une installation pilote. Pour certaines de ces solutions, il y a encore beaucoup à faire avant que les réalisations techniques soient bien perçues et inspirent confiance. Un des problèmes les plus délicats est celui de la gestion des déchets de haute activité. Des progrès sensibles ont été réalisés en France dans la mise en oeuvre d'un procédé industriel d'immobilisation des déchets de haute activité par vitrification. Des procédés de ce type sont également utilisés en Belgique, en République fédérale d'Allemagne et au Royaume-Uni. Les caractéristiques de dépôts souterrains profonds ont été définies pour divers types de formations géologiques, en fonction de concepts génériques et de l'expérience acquise sur le terrain, et ont été utilisées pour évaluer la sûreté de ce mode d'évacuation.

Selon les experts, aucune nécessité technique ou économique ne justifie des investissements importants en matière d'installations d'évacuation des déchets de haute activité pendant les quarante à cinquante prochaines années. Il y a en fait de bonnes raisons, comme la poursuite du refroidissement et de nouvelles améliorations éventuelles des techniques d'évacuation, de ne pas procéder à l'évacuation de ces déchets avant un certain temps. On observe toutefois un contraste frappant entre la confiance que les experts accordent aux solutions proposées à ces problèmes et la façon dont les risques sont perçus par le public. Comme les préoccupations du public à ce sujet sont à présent très vives et se traduisent de plus en plus souvent par des actions de nature politique et juridique, il serait hautement souhaitable de démontrer que l'on dispose de techniques appropriées pour l'évacuation des déchets de haute activité. Ce serait un grand pas en avant dans ce domaine que de pouvoir définir en quoi consiste une démonstration acceptable et il faudrait veiller avec le plus grand soin à ce que tout programme proposé repose sur de solides bases scientifiques et techniques. L'élaboration et la mise en oeuvre d'un tel programme exigeraient un vigoureux appui politique et une meilleure compréhension par le public tant des problèmes que des solutions.

Le choix des sites est une question importante, surtout dans les pays européens à forte densité de population et au Japon. Les problèmes techniques ne devraient pas devenir trop aigus avant la fin du siècle, mais le choix des sites est dans une certaine mesure une question politique, car, dans la plupart des cas, il est lié à l'acceptation de l'énergie nucléaire par le public. Les sites d'implantation des centrales nucléaires et des installations du cycle du combustible sont choisis en fonction d'un grand nombre de critères techniques : approvisionnement en eau de refroidissement, écologie du site, structure géologique et activité sismique, densité locale de la population, utilisation du sol et proximité d'installations présentant certains risques, comme les barrages, les aéroports, les usines chimiques et les stockages de produits pétroliers. Un autre facteur doit être pris en considération, à savoir la possibilité de mettre en oeuvre des plans d'urgence. Tous les pays de l'OCDE disposent encore de sites qui répondent à ces critères techniques. Toutefois, on se heurte souvent à l'opposition de la population et des autorités locales. Du fait de cette opposition, il risque également de devenir de plus en plus difficile de trouver des lieux d'implantation pour les installations liées à la partie terminale du cycle du combustible. La Belgique, le Japon et la Suisse, par exemple, ont de plus en plus de difficultés à faire accepter leurs projets dans ce domaine.

Afin de surmonter cet obstacle, on envisage dans plusieurs pays de recourir à des sites souterrains ou au large des côtes et aussi, bien sûr, de réutiliser les sites existants après avoir démantelé les installations qui s'y trouvent à la fin de leur vie utile. Dans un certain nombre de pays, l'implantation de centrales nucléaires a été assortie de mesures financières ou autres, favorisant le développement local ou régional, ou de réductions des prix de l'électricité. Les poids respectifs du gouvernement central et des autorités locales ou régionales en matière de procédures d'implantation - pouvoirs qui varient d'un pays à l'autre - peuvent aussi jouer un rôle important dans la solution de ce problème.

On peut facilement maintenir à des niveaux négligeables les effets sur *l'environnement* et les risques pour la population pendant l'exploitation normale des installations nucléaires, et l'irradiation à une faible fraction des taux de variation dans les niveaux du fond naturel de rayonnement. Bien que les comparaisons touchant à la sûreté et aux effets sur l'environnement soient entachées d'incertitude, elles donnent en général l'avantage aux centrales nucléaires et aux activités du cycle du combustible qui leur sont associées sur les centrales à combustible fossile. En fait, les risques encourus par la population dans les conditions normales d'exploitation sont négligeables et l'exposition aux rayonnements ne représente qu'une faible fraction des variations du fond naturel de rayonnement. Si on la compare au charbon, qui est la principale autre option pour l'avenir, l'énergie nucléaire peut offrir certains avantages, qui sont notamment d'occuper une moins grande surface et de ne pas émettre de dioxyde de carbone, de dioxyde de soufre ou d'oxydes d'azote.

4.   Confiance des compagnies d'électricité

Ce sont les compagnies d'électricité qui assument, pour l'essentiel, les *charges et les risques financiers* liés à l'électronucléaire, avec des conséquences différentes d'un pays à l'autre selon la structure de ces compagnies (régime de la propriété, etc.), la réglementation des prix de l'électricité, les subventions qui leur sont accordées et, dernier facteur mais non des moindres, le climat économique général.

Les taux d'intérêt élevés pratiqués actuellement dans presque tous les pays de l'OCDE constituent une obstacle particulier pour les compagnies qui veulent construire des réacteurs nucléaires puisque, en moyenne, plus de 60 % des fonds nécessaires à la construction doivent être trouvés sur le marché extérieur des capitaux et du crédit. Dans certains pays, les longs délais d'autorisation et de construction des réacteurs ont imposé de telles charges financières aux compagnies qu'un grand nombre d'entre elles ont renoncé à l'idée de construire de nouvelles centrales, et que quelques-unes, notamment aux Etats-Unis, ont même abandonné des projets qui étaient déjà au stade de la construction et en grande partie achevés.

Dans la zone de l'OCDE, le délai total (y compris la période préalable à la construction) qui s'écoule avant que des centrales nucléaires fonctionnent à leur pleine capacité est actuellement de 7 à 9 ans en moyenne, contre 5 ans seulement au début des années 70. Aux Etats-Unis, ces délais sont en moyenne de 11 ans, contre 6 au début des années 70, et on prévoit maintenant que certains réacteurs commenceront à être exploités commercialement plus de 15 ans après la date de leur commande. Alors que, jusqu'à présent, la plupart des retards se produisaient au début des phases de projet et de construction des installations, l'expérience récente a montré qu'il faut désormais prévoir des retards pendant toute la durée de la réalisation, même après achèvement de la centrale. Des délais d'exécution aussi longs et aussi incertains pénalisent une option relativement capitalistique comme le nucléaire.

On attribue cet allongement des délais essentiellement à la complexité croissante des *réglementations* appliquées à la construction et à l'exploitation des centrales nucléaires. Pour aussi exacte qu'elle soit dans certains cas, cette assertion n'en est pas moins contestable dans d'autres, comme l'a illustré un rapport récent du Congrès des Etats-Unis, qui impute la plus grande partie de ces retards à des problèmes techniques imprévus, à des erreurs de gestion des compagnies et aux difficultés qu'il y a à se procurer des capitaux. En outre, des incidents comme celui de Three Mile Island peuvent entraîner de tels coûts (nettoyage, remise en état, assurance, perte de production) que certaines compagnies d'électricité, surtout aux Etats-Unis, manifestent de vives réticences à s'engager dans la construction de centrales nucléaires. L'industrie et les autorités responsables de la réglementation doivent continuer à améliorer l'efficacité de leur action dans ce domaine important, de façon à apaiser les préoccupations grandissantes.

La diversité des mécanismes de réglementation qui ont été élaborés dans les pays Membres s'explique par des différences de structures constitutionnelles, législatives et administratives. Toutefois, l'évolution générale de ces dix dernières années s'est traduite par la création ou par le renforcement d'autorités indépendantes chargées de la réglementation, ainsi que par l'application de règlements de sûreté toujours plus rigoureux, à la conception et à la construction des nouvelles centrales et souvent aux installations existantes. Ainsi, face à l'objectif prioritaire qui consiste à assurer un degré de sûreté suffisant, les pénalités financières imposées par un long processus d'autorisation n'ont pas toujours été suffisamment prises en compte. Les autorités chargées de la réglementation choisissent souvent la voie de la facilité en ajoutant des exigences réglementaires à des procédures déjà lourdes, au lieu de réexaminer les mesures prises antérieurement et de déterminer quelles sont les modifications de fond, et non de procédure, qui sont nécessaires pour assurer la sûreté.

Les compagnies d'électricité américaines sont probablement celles qui se trouvent dans la situation la plus délicate. A une forte inflation et à des taux d'intérêt élevés vient s'ajouter, pour compliquer encore le problème, la réglementation des tarifs de l'électricité imposée par chaque Etat, qui empêche les recettes de s'accroître en même temps que les coûts, si bien que leurs bénéfices sont inférieurs à leurs charges en capital. La réglementation appliquée par les Etats n'autorise souvent pas (ou en partie seulement) les compagnies d'électricité à répercuter les coûts d'une nouvelle centrale sur les tarifs avant que cette dernière ne soit effectivement en service. Cela réduit la marge brute d'autofinancement de la compagnie et accroît le coût de financement des grands programmes à long terme, ce qui peut avoir un effet fortement dissuasif sur les compagnies et les détourner de l'option nucléaire, même si, comme c'est souvent le cas, c'est l'option la plus économique.

Annexe I

Demande d'électricité et pénétration sectorielle

Actuellement, l'électricité est avant tout utilisée pour des applications spécifiques. Dans *l'industrie* par exemple, les moteurs, les fours électriques et les applications électrochimiques et électroniques représentent l'essentiel de la demande d'électricité. Dans le domaine de l'électrochimie (comme par exemple l'électrolyse) et de l'électronique, l'électricité n'a pratiquement aucune concurrence. Le remplacement par des combustibles fossiles ne peut se justifier que dans le cas des fours électriques. Même pour cet usage, les possibilités de substitution sont limitées, car beaucoup de fours électriques ont des affectations spécialisées. Comme les appareils électriques ont déjà un rendement élevé par rapport aux appareils à combustible fossile, l'électricité, dans ses applications industrielles, d'une part se prêtera moins que d'autres formes d'énergie à d'importantes économies, d'autre part elle conservera ou accroîtra sa part du marché. L'électricité trouve des applications de plus en plus nombreuses dans la fabrication de l'acier, dans les fours électriques, dans la production de chaleur industrielle, dans les fours à induction, etc., car elle permet d'améliorer la qualité du produit, de réduire le nombre de pièces mises au rebut, d'allonger la durée d'utilisation des outils, d'économiser des matières premières et d'améliorer les conditions de travail. L'utilisation de pompes à chaleur pour le séchage du bois, du cuir, des peaux, etc. permet d'économiser plus de 40 % de l'énergie primaire. Parmi d'autres secteurs porteurs d'avenir, citons l'utilisation de pompes à chaleur électriques pour le chauffage et la climatisation des locaux, industriels et d'habitation, la production d'hydrogène par électrolyse de l'eau en heures creuses, à des fins de stockage d'énergie, de production de carburants de synthèse et pour tous autres usages, et également le stockage de l'énergie par pompage et sous forme d'air comprimé.

Dans l'économie de la plupart des pays, les industries légères et les services, qui consomment beaucoup d'électricité, ont progressivement gagné en importance au détriment des industries lourdes, qui ne sont pas fortes consommatrices d'électricité. Cette évolution devrait se poursuivre dans la quasi-totalité des pays industrialisés avancés. En outre, les améliorations de la productivité globale dans l'industrie sont étroitement liées à l'utilisation d'électricité. Une comparaison, au plan international, de la production économique et de la consommation d'énergie dans huit pays industrialisés* montre que le rendement économique relatif de l'électricité, mesuré par la contribution de celle-ci à la production économique, est de l'ordre de 3 à 14 fois plus élevé que celui du charbon, tandis que le rendement économique relatif du pétrole est de l'ordre de 2 à 3 fois plus élevé que celui du charbon. La pénétration croissante de l'électricité a donc joué un rôle de premier plan dans l'amélioration de la productivité de l'énergie ainsi que de la productivité globale.

Dans le secteur *résidentiel et tertiaire,* la demande d'électricité est due pour l'essentiel à l'éclairage (26 % environ en Europe occidentale) et à l'emploi d'appareils électroménagers (46 % environ en Europe occidentale). Le taux de croissance du nombre de téléviseurs, de lave-vaisselle, d'appareils électroniques, etc. dépassera vraisemblablement le taux de croissance du PIB au cours des prochaines années, jusqu'au moment où on atteindra un certain seuil de saturation. Il est donc probable que la demande d'électricité dans ce secteur continuera également à croître à un rythme plus rapide que le PIB, mais il faut tenir compte aussi des améliorations du rendement des appareils électriques. Par ailleurs, l'électricité peut aisément se substituer, dans le secteur résidentiel et tertiaire, à d'autres sources d'énergie pour le chauffage des locaux, pour le chauffage de l'eau et pour la cuisson des aliments. Pour ces utilisations, des facteurs comme les différences de prix entre les sources d'énergie, la qualité du service, l'investissement, le rythme de construction de logements neufs et les rendements relatifs (que permet par exemple l'emploi de pompes à chaleur) joueront un rôle important.

Il est intéressant de noter qu'au cours de la période de 1975 à 1979, la demande d'électricité dans le secteur résidentiel et tertiaire a progressé de 4,0 % par an, alors que la demande d'énergie dans ce secteur n'augmentait que de 2,1 %. Cette grande disparité entre les

---

* G. Adams et P. Miovac, « Relative Fuel Efficiency and the Output Elasticity of Energy Consumption in Western Europe », Journal of Industrial Economics, novembre 1968.

taux de croissance de l'électricité et de la consommation finale totale d'énergie reflète le lien qui existe dans les pays industrialisés entre la demande d'électricité et l'activité économique générale. Au cours de la période considérée, le PIB a progressé de 4,1 %, soit une valeur a peu près identique à la croissance de l'électricité. Ce lien entre la croissance économique et la demande d'électricité résulte à la fois d'une augmentation du nombre d'appareils électroménagers et d'un certain remplacement du pétrole par l'électricité.

Sur le marché restreint de la traction électrique, on peut s'attendre à une certaine croissance de la demande d'électricité si les prix du pétrole continuent d'augmenter. Les réseaux de chemin de fer poursuivent des programmes d'électrification et les véhicules électriques pourraient devenir une solution de rechange efficace à l'avenir pour certains types de transports, tant publics que privés. Seuls des retards dans les programmes d'électrification, en raison du déficit des compagnies de chemin de fer ou de la réduction des dépenses publiques, freineront la demande d'électricité dans le secteur des transports.

On s'attend à ce que l'évolution de la demande sectorielle d'électricité au cours de la prochaine décennie diffère de ce qu'elle a été ces dernières années. Alors que, pour la période 1974-1980, le taux de croissance a été plus faible dans l'industrie (2,5 % par an) que dans le secteur résidentiel et tertiaire (3,8 % par an), on prévoit pour l'avenir un renversement de cette tendance. Ainsi, les projections des pays de l'AIE aussi bien que le scénario de référence de l'AIE prévoient que, de 1980 à 1990 (voir Tableau 4), l'accroissement annuel de la demande d'électricité dans l'industrie sera de l'ordre de 4 à 5 %, alors qu'il serait d'environ 3 % dans le secteur résidentiel et tertiaire.

Ce renversement prévu du schéma de croissance de la demande d'électricité s'explique essentiellement, en ce qui concerne le secteur résidentiel et tertiaire, par la saturation progressive de la demande d'appareils ménagers et par le développement des utilisations domestiques du gaz naturel, phénomènes qui devraient tous deux avoir une incidence sur la demande d'électricité. Cette tendance pourrait cependant être neutralisée dans une certaine mesure par l'usage de plus en plus étendu des pompes à chaleur, qui améliorerait en même temps le rendement énergétique global. Par ailleurs, la réorientation en cours vers des industries plus légères, la forte demande enregistrée dans le secteur de l'électronique et la demande croissante de chaleur industrielle font prévoir, dans le secteur industriel, une demande d'électricité plus soutenue qu'au cours des dernières années. Cette évolution sera toutefois influencée par des facteurs tels que le niveau de la production d'aluminium et d'acier dans les pays de l'OCDE.

De surcroît, l'avantage que l'électricité s'est assuré sur les sources d'énergie concurrentes en matière de prix favorisera encore l'accroissement de la demande totale d'électricité. Dans les six pays de l'OCDE pour lesquels on dispose de données comparables, les prix moyens de l'électricité destiné à l'industrie ont augmenté de 208 % au cours de la période 1973-1980, tandis que ceux du fuel lourd progresseraient de 446 %. Pour la même période, dans le secteur résidentiel et tertiaire, la hausse moyenne des prix de l'électricité a été de 115 %, contre près de 400 % pour les prix du fuel domestique.

L'électricité demeure plus coûteuse que d'autres sources d'énergie, mais les tendances récentes se maintiendront très vraisemblablement et réduiront plus encore l'écart de prix. Ceci tient au fait qu'une part croissante de l'électricité sera produite à partir de charbon et d'énergie nucléaire, qui demeureront vraisemblablement moins coûteux que le pétrole et le gaz. La situation dépendra toutefois également de l'évolution à l'avenir d'autres facteurs qui auront une forte incidence sur la compétitivité de l'électricité, comme les taux d'intérêt, les procédures de réglementation et les délais que celles-ci entraînent dans la construction des centrales.

Tableau 11

Demande d'électricité dans le secteur résidentiel et tertiaire

PROJECTIONS DES PAYS DE L'AIE

	Mtep			Taux de croissance annuel moyen (en %)	
	1980	1990	2000	1980-1990	1990-2000
Amérique Nord	126,4	153,9	—	2,0	—
Pacifique	20,0	34,0	—	5,4	—
Europe	51,0	77,0	—	4,2	—
AIE	197,4	264,9	—	3,0	—

SCENARIO DE REFERENCE DE L'AIE

	1980	1990	2000	1980-1990	1990-2000
Amérique du Nord	126,4	154,0	217,0	2,0	3,5
Pacifique	20,0	30,0	40,0	4,1	2,9
Europe	61,1	88,0	· 105,0	3,7	2,9
OCDE	207,5	272,0	362,0	2,7	2,9

Demande d'électricité dans l'industrie

PROJECTIONS DES PAYS DE L'AIE

	Mtep			Taux de croissance annuel moyen (en %)	
	1980	1990	2000	1980-1990	1990-2000
Amérique du Nord	81,2	128,1	—	4,6	—
Pacifique	31,5	51,0	—	4,9	—
Europe	51,2	74,8	—	3,9	—
AIE	163,9	254,4	—	4,5	—

SCENARIO DE REFERENCE DE L'AIE

	1980	1990	2000	1980-1990	1990-2000
Amérique du Nord	81,2	117.0	150.0	3,7	2.5
Pacifique	31,5	47,0	60.0	4,1	2,5
Europe	62,1	91,0	112.0	3,9	2,1
OCDE	174,8	255,0	322.0	3,9	2,4

Annexe II

Coûts comparés de la production d'électricité

Aux coûts actuels de l'énergie, il est nettement moins coûteux, dans les pays de l'OCDE, de produire l'électricité à partir d'énergie nucléaire qu'à partir de pétrole (le coût est par exemple inférieur de 50 à 77 % dans la CEE). Par rapport à la production à partir de charbon, l'avantage concurrentiel de l'électronucléaire varie d'un pays à un autre. Si de récentes études* indiquent que, du point de vue de l'ensemble des coûts de production, les centrales nucléaires prennent l'avantage sur les centrales à combustible fossile en Europe (les coûts sont par exemple inférieurs de 20 à 50 % dans la CEE) et **au** Japon, les centrales au charbon sont plus compétitives dans l'ouest de l'Amérique du Nord du fait de la présence de ressources en charbon relativement peu coûteuses.

Il est toutefois difficile de comparer la production d'électricité à partir d'énergie nucléaire et à partir de charbon du point de vue économique, car les estimations des coûts sont très variables. Les coûts estimés des centrales nucléaires sont notamment sujets à d'importantes divergences d'opinions, aussi bien d'un pays à un autre qu'à l'intérieur d'un même pays. Cela tient à des différences dans la conception des réacteurs, dans les prescriptions réglementaires et dans les bases de calcul. En outre, la situation propre à chaque centrale en matière d'investissements, de délais, de taux d'intérêt, de prix du combustible, etc. a une forte incidence sur les coûts effectifs de production dans les centrales nucléaires comme dans les centrales au charbon. Les études de comparaison des coûts doivent donc être abordées avec prudence.

Des estimations indicatives des coûts, faites par le Secrétariat de l'AIE, de la production d'électricité, dans des conditions représentatives, à partir de pétrole, d'énergie nucléaire et de charbon dans la zone

---

* Par exemple, le document de la Commission des Communautés européennes COM(82)36 finale.

de l'OCDE sont présentées sur le Tableau 12. Pour le pétrole, deux cas sont indiqués, l'un se rapportant à une centrale qui consomme du fuel lourd à basse teneur en soufre sans désulfuration des gaz de combustion et l'autre se rapportant à une centrale qui consomme du fuel à forte teneur en soufre avec désulfuration des gaz de combustion. Les coûts de l'énergie nucléaire correspondent à une centrale à réacteur à eau pressurisée de 1.100 MWe. Pour le charbon, on a estimé séparément les coûts de production aux Etats-Unis, en Europe et au Japon, afin de comparer les effets des différences de prix du charbon entre les régions. Les estimations de coûts que nous présentons ici ne prennent en compte que le coût de production de l'électricité dans une centrale de construction récente. Elles ne peuvent donc pas être assimilées au coût actuel d'exploitation de centrales anciennes ni au coût global de la fourniture d'électricité aux consommateurs finals, qui comprend les coûts de transmission et de distribution, certains frais généraux et la modulation des tarifs de l'électricité en fonction des différentes catégories de consommateurs. On a supposé que les centrales considérées fonctionnaient à 65 % de leur capacité pendant 30 ans. Quant aux investissements, on a ajouté les intérêts accumulés pendant la construction à l'investissement initial, en supposant un financement entièrement extérieur sous forme d'un emprunt à un taux d'intérêt de 10 % par an. Pour simplifier, on a également supposé que l'emprunt était contracté à mi-chemin de la construction de la centrale. On a posé un délai de construction de 3 ans pour une centrale au fuel, de 4 ans pour une centrale au charbon et de 6 ans pour une centrale nucléaire. Le coût du capital a été estimé à l'aide d'un taux d'actualisation constant de 10 %. On a retenu un taux identique au taux d'intérêt, de sorte que les recettes des compagnies d'électricité permettent exactement de payer les intérêts et de rembourser l'emprunt sur les 30 ans de durée de vie de la centrale.

Aux prix élevés du fuel-oil lourd qui prévalent actuellement, le coût de la production d'électricité d'origine nucléaire (39,0 millièmes de dollar par kWh) est de loin inférieur à celui de la production d'électricité dans des centrales alimentées au fuel (64,7 à 67,9 millièmes de dollar par kWh), comme le montre le Tableau 12. Quant aux coûts estimés de la production de la charge de base à partir de charbon, on peut observer des différences appréciables d'une région à une autre. Si on suppose une désulfuration complète des gaz de combustion dans toutes les régions, les coûts de production sont estimés à 38,2 millièmes de dollar par kWh aux Etats-Unis, contre 48 millièmes de dollar environ par kWh en Europe et au Japon. On estime que le coût indicatif des centrales au charbon équipées d'un dispositif de désulfuration des gaz de combustion est à peu près identique à celui des centrales nucléaires aux Etats-Unis, alors que les estimations accordent un avantage économique à l'énergie nucléaire en Europe et au Japon. Compte tenu de la stabilité prévue du prix de l'uranium, et dans le cadre des hypothèses retenues pour les délais et pour les taux d'intérêt, la production d'électricité d'origine nucléaire devrait conserver un certain avantage concurrentiel sur la production d'électricité à partir du charbon en Europe et au Japon.

Des projets à forte intensité de capitaux comme les centrales nucléaires sont toutefois financièrement vulnérables à un allongement des délais et à une hausse des taux d'intérêt, car les frais financiers grossissent rapidement au cours de la construction et le service des intérêts accroît la part du coût du capital dans le coût unitaire de l'électricité produite. Le Tableau 13 montre les effets d'une augmentation des taux d'intérêt (et donc des taux d'actualisation) et d'un allongement des délais sur le coût de production de l'électricité d'origine nucléaire. Si on pose que les taux d'intérêt et d'actualisation sont de 15 %, le coût de production de l'électricité d'origine nucléaire s'élève à 54,9 millièmes de dollar par kWh (voir Tableau 13), contre 48,1 à 59,1 dans le cas du charbon. En outre, si le délai de construction atteint 10 ans dans les cas extrêmes, le coût de l'électricité d'origine nucléaire s'élève alors à 68,0 millièmes de dollar par kWh (voir Tableau 13), valeur presque comparable à celle des centrales au fuel (71,6 à 74,1 millièmes de dollar par kWh). L'allongement des délais doit être évité si on veut que le coût de production de l'électricité d'origine nucléaire demeure concurrentiel. Si les facteurs économiques ne constituent en aucune manière le seul critère qui régit l'expansion de l'énergie nucléaire, l'augmentation des coûts qu'entraîne un allongement des délais pourrait agir comme un frein supplémentaire.

Tableau 12

Estimations indicatives des coûts de la production d'électricité à partir de différents combustibles [1]

(en millièmes de dollar des Etats-Unis de 1981 par kWh. Coefficient de capacité: 65%)

	Pétrole 2 × 600 MW		Nucléaire	Charbon avec désulfuration des gaz de combustion 2 × 600 MW		
	Basse teneur en soufre	Forte teneur en soufre avec désulfuration des gaz de combustion	PWR 2 × 1100 MW	Etats-Unis	Europe	Japon
Coût du capital	10,8	12,9	24,8	17,1	17,1	17,8
Coût d'exploitation	2,5	4,2	4,2	5,1	5,1	5,1
Coût du combustible	54,6	47,6	10,0 [2]	16,0	26,0	26,0
Coût total	67,9	64,7	39,0	38,2	48,2	48,9
Référence:						
Investissement ($/kWh)	577	692	1331	920	920	956
(Investissement initial $/kWh)	(500)	(600)	(1000)	(760)	(760)	(790)
(Intérêt pendant la construction $/kWh)	(77)	(92)	(331)	(160)	(160)	(160)
Délai de construction	3 ans	3 ans	6 ans	4 ans	4 ans	4 ans
Coût du combustible	$33/baril	$27/baril		$40/t.	$65/t.	$65/t.
($ par tep)	(238)	(194)	(40)	(60)	(100)	(100)
Rendement de Conversion	37%	35%	34%	33%	33%	33%
Coût thermique (kcal/kWh)	2300	2450	2500	2600	2600	2600

1. Faites par le Secrétariat;
2. Tous les coûts du cycle combustible sont inclus.

Tableau 13

Effets de l'augmentation des taux d'intérêt et de l'allongement des délais sur les coûts de production

Millièmes de dollar/kWh	Pétrole		Nucléaire		Charbon		
	Basse teneur en soufre	Forte teneur en soufre	Scénario A	Scénario B	Etats-Unis	Europe	Japon
Coût du capital	16,5	19,8	40,7	53,8	27,0	27,0	28,0
Coût d'exploitation	2,5	4,2	4,2	4,2	5,1	5,1	5,1
Coût du combustible	54,6	47,6	10,0	10,0	16,0	26,0	26,0
Coût total	74,1	71,6	54,9	68,0	48,1	58,1	59,1
Délai de construction	3 ans	3 ans	6 ans	10 ans	4 ans	4 ans	4 ans
Taux d'intérêt	15%	15%	15%	15%	15%	15%	15%
Investissement ($/kW)	617	740	1521	2011	1005	1005	1045

OECD SALES AGENTS
DÉPOSITAIRES DES PUBLICATIONS DE L'OCDE

ARGENTINA – ARGENTINE
Carlos Hirsch S.R.L., Florida 165, 4° Piso (Galería Guemes)
1333 BUENOS AIRES, Tel. 33.1787.2391 y 30.7122

AUSTRALIA – AUSTRALIE
Australia and New Zealand Book Company Pty, Ltd.,
10 Aquatic Drive, Frenchs Forest, N.S.W. 2086
P.O. Box 459, BROOKVALE, N.S.W. 2100

AUSTRIA – AUTRICHE
OECD Publications and Information Center
4 Simrockstrasse 5300 BONN. Tel. (0228) 21.60.45
Local Agent/Agent local :
Gerold and Co., Graben 31, WIEN 1. Tel. 52.22.35

BELGIUM – BELGIQUE
LCLS
35, avenue de Stalingrad, 1000 BRUXELLES. Tel. 02.512.89.74

BRAZIL – BRÉSIL
Mestre Jou S.A., Rua Guaipa 518,
Caixa Postal 24090, 05089 SAO PAULO 10. Tel. 261.1920
Rua Senador Dantas 19 s/205-6, RIO DE JANEIRO GB.
Tel. 232.07.32

CANADA
Renouf Publishing Company Limited,
2182 St. Catherine Street West,
MONTRÉAL, Que. H3H 1M7. Tel. (514)937.3519
OTTAWA, Ont. K1P 5A6, 61 Sparks Street

DENMARK – DANEMARK
Munksgaard Export and Subscription Service
35, Nørre Søgade
DK 1370 KØBENHAVN K. Tel. +45.1.12.85.70

FINLAND – FINLANDE
Akateeminen Kirjakauppa
Keskuskatu 1, 00100 HELSINKI 10. Tel. 65.11.22

FRANCE
Bureau des Publications de l'OCDE,
2 rue André-Pascal, 75775 PARIS CEDEX 16. Tel. (1) 524.81.67
Principal correspondant :
13602 AIX-EN-PROVENCE : Librairie de l'Université.
Tel. 26.18.08

GERMANY – ALLEMAGNE
OECD Publications and Information Center
4 Simrockstrasse 5300 BONN Tel. (0228) 21.60.45

GREECE – GRÈCE
Librairie Kauffmann, 28 rue du Stade,
ATHÈNES 132. Tel. 322.21.60

HONG-KONG
Government Information Services,
Publications/Sales Section, Baskerville House,
2/F., 22 Ice House Street

ICELAND – ISLANDE
Snaebjörn Jönsson and Co., h.f.,
Hafnarstraeti 4 and 9, P.O.B. 1131, REYKJAVIK.
Tel. 13133/14281/11936

INDIA – INDE
Oxford Book and Stationery Co. :
NEW DELHI-1, Scindia House. Tel. 45896
CALCUTTA 700016, 17 Park Street. Tel. 240832

INDONESIA – INDONÉSIE
PDIN-LIPI, P.O. Box 3065/JKT., JAKARTA, Tel. 583467

IRELAND – IRLANDE
TDC Publishers – Library Suppliers
12 North Frederick Street, DUBLIN 1 Tel. 744835-749677

ITALY – ITALIE
Libreria Commissionaria Sansoni :
Via Lamarmora 45, 50121 FIRENZE. Tel. 579751
Via Bartolini 29, 20155 MILANO. Tel. 365083
Sub-depositari :
Editrice e Libreria Herder,
Piazza Montecitorio 120, 00 186 ROMA. Tel. 6794628
Libreria Hoepli, Via Hoepli 5, 20121 MILANO. Tel. 865446
Libreria Lattes, Via Garibaldi 3, 10122 TORINO. Tel. 519274
La diffusione delle edizioni OCSE è inoltre assicurata dalle migliori
librerie nelle città più importanti.

JAPAN – JAPON
OECD Publications and Information Center,
Landic Akasaka Bldg., 2-3-4 Akasaka,
Minato-ku, TOKYO 107 Tel. 586.2016

KOREA – CORÉE
Pan Korea Book Corporation,
P.O. Box n° 101 Kwangwhamun, SÉOUL. Tel. 72.7369

LEBANON – LIBAN
Documenta Scientifica/Redico,
Edison Building, Bliss Street, P.O. Box 5641, BEIRUT.
Tel. 354429 – 344425

MALAYSIA – MALAISIE
and/et SINGAPORE - SINGAPOUR
University of Malaysia Co-operative Bookshop Ltd.
P.O. Box 1127, Jalan Pantai Baru
KUALA LUMPUR. Tel. 51425, 54058, 54361

THE NETHERLANDS – PAYS-BAS
Staatsuitgeverij
Verzendboekhandel Chr. Plantijnstraat 1
Postbus 20014
2500 EA S-GRAVENAGE. Tel. nr. 070.789911
Voor bestellingen: Tel. 070.789208

NEW ZEALAND – NOUVELLE-ZÉLANDE
Publications Section,
Government Printing Office Bookshops:
AUCKLAND: Retail Bookshop: 25 Rutland Street,
Mail Orders: 85 Beach Road, Private Bag C.P.O.
HAMILTON: Retail Ward Street,
Mail Orders, P.O. Box 857
WELLINGTON: Retail: Mulgrave Street (Head Office),
Cubacade World Trade Centre
Mail Orders: Private Bag
CHRISTCHURCH: Retail: 159 Hereford Street,
Mail Orders: Private Bag
DUNEDIN: Retail: Princes Street
Mail Order: P.O. Box 1104

NORWAY – NORVÈGE
J.G. TANUM A/S Karl Johansgate 43
P.O. Box 1177 Sentrum OSLO 1. Tel. (02) 80.12.60

PAKISTAN
Mirza Book Agency, 65 Shahrah Quaid-E-Azam, LAHORE 3.
Tel. 66839

PHILIPPINES
National Book Store, Inc.
Library Services Division, P.O. Box 1934, MANILA.
Tel. Nos. 49.43.06 to 09, 40.53.45, 49.45.12

PORTUGAL
Livraria Portugal, Rua do Carmo 70-74,
1117 LISBOA CODEX. Tel. 360582/3

SPAIN – ESPAGNE
Mundi-Prensa Libros, S.A.
Castelló 37, Apartado 1223, MADRID-1. Tel. 275.46.55
Libreria Bosch, Ronda Universidad 11, BARCELONA 7.
Tel. 317.53.08, 317.53.58

SWEDEN – SUÈDE
AB CE Fritzes Kungl Hovbokhandel,
Box 16 356, S 103 27 STH, Regeringsgatan 12,
DS STOCKHOLM. Tel. 08/23.89.00

SWITZERLAND – SUISSE
OECD Publications and Information Center
4 Simrockstrasse 5300 BONN. Tel. (0228) 21.60.45
Local Agents/Agents locaux
Librairie Payot, 6 rue Grenus, 1211 GENÈVE 11. Tel. 022.31.89.50
Freihofer A.G., Weinbergstr. 109, CH-8006 ZÜRICH.
Tel. 01.363428?

TAIWAN
Good Faith Worldwide int'l Co., Ltd.
9th floor, No. 118, Sec. 2
Chung Hsiao E. Road
TAIPEI. Tel. 391.7396/391.7397

THAILAND – THAILANDE
Suksit Siam Co., Ltd., 1715 Rama IV Rd,
Samyan, BANGKOK 5. Tel. 2511630

TURKEY – TURQUIE
Kültur Yayinlari Is-Türk Ltd. Sti.
Atatürk Bulvari No : 77/B
KIZILAY/ANKARA. Tel. 17 02 66
Dolmabahce Cad. No : 29
BESIKTAS/ISTANBUL. Tel. 60 71 88

UNITED KINGDOM – ROYAUME-UNI
H.M. Stationery Office, P.O.B. 569,
LONDON SE1   9NH. Tel. 01.928.6977, Ext. 410 or
49 High Holborn, LONDON WC1V 6 HB (personal callers)
Branches at: EDINBURGH, BIRMINGHAM, BRISTOL,
MANCHESTER, CARDIFF, BELFAST.

UNITED STATES OF AMERICA – ÉTATS-UNIS
OECD Publications and Information Center, Suite 1207,
1750 Pennsylvania Ave., N.W. WASHINGTON, D.C.20006 – 4582
Tel. (202) 724.1857

VENEZUELA
Libreria del Este, Avda. F. Miranda 52, Edificio Galipan,
CARACAS 106. Tel. 32.23.01/33.26.04/33.24.73

YUGOSLAVIA – YOUGOSLAVIE
Jugoslovenska Knjiga, Terazije 27, P.O.B. 36, BEOGRAD.
Tel. 621.992

Les commandes provenant de pays où l'OCDE n'a pas encore désigné de dépositaire peuvent être adressées à :
OCDE, Bureau des Publications, 2, rue André-Pascal, 75775 PARIS CEDEX 16.

Orders and inquiries from countries where sales agents have not yet been appointed may be sent to:
OECD, Publications Office, 2 rue André-Pascal, 75775 PARIS CEDEX 16.

PUBLICATIONS DE L'OCDE, 2, rue André-Pascal, 75775 PARIS CEDEX 16 - N° 42271 1982
IMPRIMÉ EN FRANCE
(68 82 01 3) ISBN 92-64-02326-7